KB153406

채소 식탁

채소 식탁

HAPPINESS IS
HOMEMADE

김경민 지음

래디시

Contents

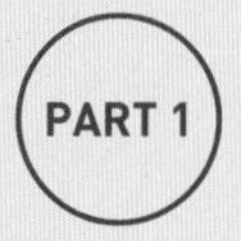

채소 식탁을 차리기 전에 알아둘 것

한 그릇 밥

한 그릇 면

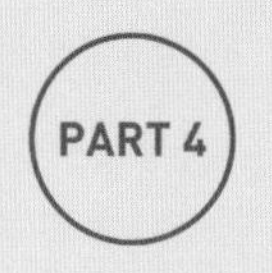

빵과 샐러드

스페셜 한입 요리

Prologue

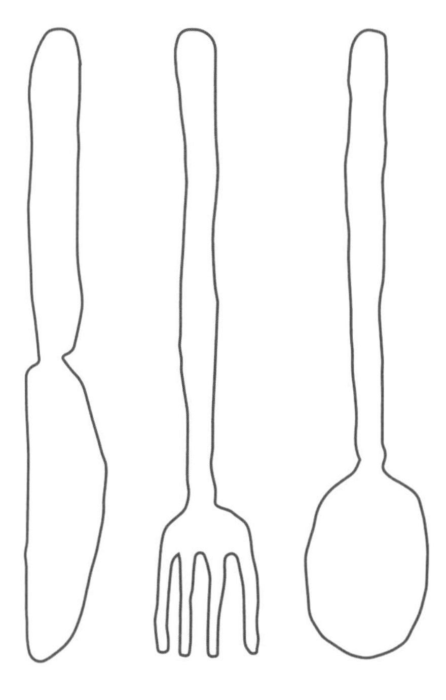

어렸을 때부터 요리에 관심이 많았지만, 본격적으로 요리를 시작한 건
결혼을 하고서입니다. 결혼하자마자 두바이라는 낯선 곳에서 신혼 생활을 시작했고,
요리는 온전히 제 몫이 되었어요. 초반에는 주로 외식을 했지만
사 먹는 음식은 허기만 채워줄 뿐 곧 헛헛함이 몰려왔지요.
요리하는 엄마 옆을 기웃거리며 돕기도 했던 기억을 더듬어,
간을 보느라 배를 채우는 무수한 과정을 거쳐 차츰 나만의 요리를 만들게 되었어요.
남편과 함께 먹을 때는 정성을 들여 식사를 준비했는데,
혼자일 때는 귀찮다며 대충 차려 먹으니 자존감이 떨어지는 기분이더라고요.
그래서 남은 반찬을 새롭게 활용해 보고, 나를 위해 따끈한 솥밥을 지어보고,
정성을 더해 보기 좋게 담아도 보았어요. 끼니를 때우는 게 아니라
오롯이 나만을 위한 식사를 준비하려고 애썼어요.

그렇게 꾸준히 요리를 직접 해보니 더 건강하게 먹고 싶은 마음이 들었습니다.
두바이에서도 쉽게 구할 수 있고 자주 먹어도 싫증 나지 않는 채소들을 담다 보니
기본 재료는 거의 비슷비슷해요. 겹치는 재료로 어떻게 하면 남김없이 다양하게,
그리고 간단하면서 색다른 기분으로 먹을지 매일 고민하고 고민합니다.
주방 살림을 하나씩 알아가는 재미도 있고요.
주부는 처음이라 모든 게 어설프지만 어제의 살림보다
오늘의 살림이 좀 더 낫다며 스스로를 토닥토닥해요.
맛있는 레시피를 잊지 않고 기록하고 싶어서 소셜미디어를 시작했어요.
솜씨 좋은 분들과 소통하면서 아이디어와 긍정의 기운을 잔뜩 얻고,
감사하게도 책까지 쓰게 되었습니다.

저는 매일의 식탁에서 즐거움을 찾아요.
제 요리가 여러분의 식탁에 조금이라도 도움이 되었으면 좋겠습니다.
친구의 레시피를 엿본다는 마음으로 즐겁게 봐주시길 바랍니다.

- 김경민 -

PART 1

채소 식탁을 차리기 전에 알아둘 것

ORGANIC LARDER
ORGANIC
Whole
milk
حليب عضوي كامل الدسم
3.5% FAT
PURE MAPLE SYRUP
aple Joe
Amber Rich Taste
Canada Grade A
mon GREC
à la française
Frico

간단한 요리 팁과 일러두기

- 계량은 숟가락이 아닌 계량스푼과 계량컵을 사용하고, 액체와 가루류 모두 평평하게 깎아 담아서 계량해요.
- 1큰술은 15ml, 1작은술은 5ml이며 1컵은 200ml입니다. 1큰술은 3작은술입니다.
- 한 그릇 밥은 다른 재료와 밥을 함께 먹기 때문에 한 공기(보통 200g)가 덜 되는 150g 정도를 기준으로 잡았어요.
- 파스타는 90~100g을 1인분으로 잡았어요.
- 식용유는 카놀라유, 포도씨유, 해바라기씨유, 콩기름 등 향이 없는 기름을 사용해요.
- 장류(간장, 된장, 고추장)는 제품마다 염도가 다르니 레시피를 기준으로 자신의 입맛에 맞게 만드는 것이 중요해요.
- 간장 용량은 모두 진간장 기준이며, 국간장은 따로 표시했어요.
- 양념은 한번에 넣지 말고 입맛에 맞게 가감하는 게 좋아요.
- 양을 2~3배로 늘릴 때 소스나 양념의 양을 레시피 그대로 2~3배 늘리면 짤 수 있기 때문에 1.5~1.8배 정도로 늘려서 간을 보며 요리하는 것이 좋아요.
- 가지나 애호박을 길게 슬라이스할 때는 빵칼을 쓰면 잘 잘라져요.
- 한 그릇 밥은 밥 반찬으로 따로 만들어 먹어도 좋아요.
- 가지나 버섯처럼 기름을 잘 먹는 재료를 볶을 때는 물을 넣으면 기름을 덜 먹어요.
- 빵은 그릴팬에 구우면 더 먹음직스럽고 빵 위에 접시를 하나 올려두고 구우면 그릴의 모양이 더 선명하게 생겨요.

식재료와 메뉴의 고민

간단한 식재료로 다양하게

해외에서 살기 때문에 한국의 제철 식재료를 구하기가 쉽지 않아 그때그때 상황에 맞게 장을 본다. 그러다 보니 기본적으로 사두는 재료가 거의 정해져 있다. 거창한 재료보다는 구하기 쉬운 재료로 요리를 하려고 한다. 대신 똑같은 식재료를 어떻게 다양하게 먹을까 고민한다.

요리를 할 때마다 장을 볼 수는 없고, 항상 재료를 완벽하게 구비할 수도 없다. 그래서 장을 보면 기본 식재료를 메모지에 적어 냉장고에 붙이고는 왔다 갔다 하면서 본다. 냉장고 속 남은 재료로 뭘 해 먹을지 수시로 생각한다. 하루 종일 먹을 생각뿐이다.

맛을 그리며 재료를 조합하기

재료가 완벽하게 준비되지 않았을 때는 부족한 재료를 어떤 것으로 대체할까 고민한다. 다른 속성의 재료를 조합하기보다는 비슷한 재료를 조합해 본다. 예를 들어 강된장을 만들려고 했는데 무가 없다면 감자나 가지 같은 채소로 대체한다. 매콤한 토마토소스를 만들 때는 페퍼론치노 대신 스리라차 소스를, 두부 대신 유부를, 청경채 대신 배추를, 고기 대신 버섯을 넣는 식으로 응용해 본다.

새로운 재료를 넣어보고 맛이 괜찮으면 꽤 즐겁다. 그런 재미에 요리를 지속할 힘을 얻는다. 이것저것 조합해 맛이 이상해질 때도 있지만, 이런 과정을 거치다 보면 맛의 조합이 머릿속에 그려지고 응용하는 일이 어렵게 느껴지지 않는다. 무엇이든 시작이 어렵다. 단출하지만 정갈한 자신만의 식탁을 꾸려보자.

Nº1 IN ITALIA
DAL 1882
Galbani
Grana Padano
DOP
INTENSITÀ
200g
GRANA PADANO
Produced in France
ORGANIC LARGE FREE RANGE EGGS
Laid by hens that are fed an organic diet
and are free to roam on organic pastures
ORGANIC
FREE-RANGE EGGS

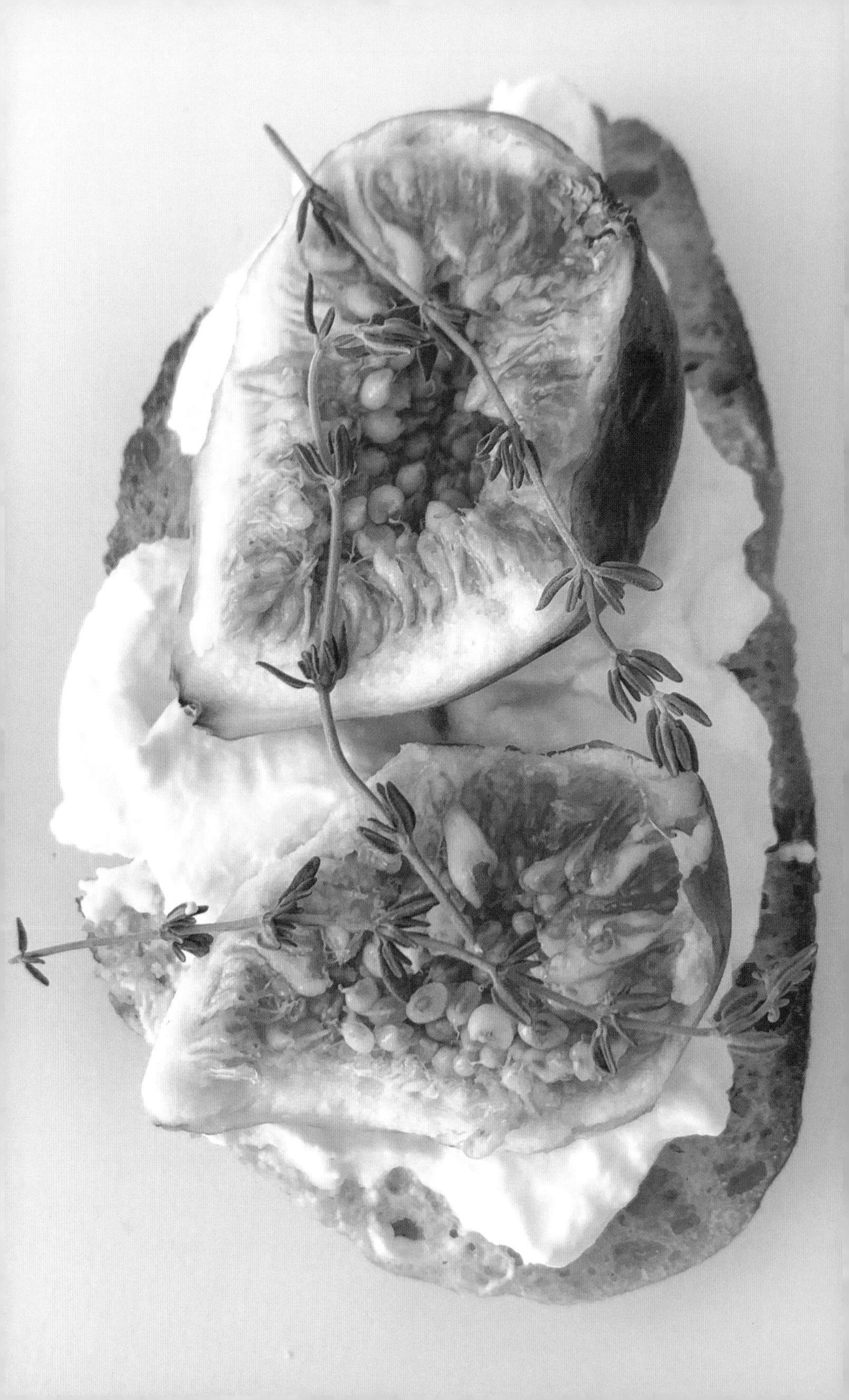

자주 쓰는 식재료의 보관과 활용법

두부

보관법

두부는 잘 상하는 재료다. 두부가 남으면 잠길 정도로 물을 붓고 소금 1작은술을 넣어 녹인 뒤 두부를 보관하면 보관 기간이 좀 더 늘어난다.

활용법

두부를 으깨고 마른 팬에 볶아서 수분을 날리면 다진 고기의 식감과 비슷해진다. 고기를 줄이려고 택한 음식 중 하나가 두부다. 다진 고기 대신 으깬 두부, 두툼하게 썬 고기 대신 두껍게 자른 두부를 노릇하게 구워 사용한다. 어묵이나 소시지로 만든 어묵볶음, 소시지 채소볶음 등도 가공식품을 줄이기 위해 구운 두부로 대체한다. 양념은 같아도 두부로 대신했기 때문에 또 다른 반찬으로 즐길 수 있다.

달걀

보관법

달걀은 씻지 말고 뾰족한 부분을 아래쪽으로 둔 상태로 보관한다. 달걀을 만진 뒤에는 손을 꼭 씻어서 살모넬라균의 감염을 막자.

활용법

채소 위주로 한 그릇 밥을 만들었을 때 단백질이 부족하다 싶으면 달걀을 추가한다. 간단하게 달걀 스크램블을 곁들이는 것만으로 한 그릇 밥을 더욱 풍성하게 만들 수 있다. 달걀노른자만 사용할 때도 있다. 남은 달걀흰자는 따로 냉장 보관했다가 그날이나 다음 날에 쓰도록 한다. 달걀프라이를 할 때 남은 흰자를 넣고 큰 달걀프라이를 해 먹기도 하고, 달걀말이나 달걀찜을 할 때 남은 흰자를 넣으면 좋다. 달걀흰자만으로 스크램블을 해 먹기도 한다.

유부

보관법

끓는 물에 유부를 넣고 2분 정도 데친 뒤 찬물에 헹구고 손으로 물기를 짠다. 5장씩 겹쳐 냉동실에 보관한다.

활용법

채소와 함께 볶거나 무쳐 먹을 때 사용한다. 특히 어묵을 이용한 요리에 어묵 대신 유부를 길쭉하게 썰어 응용한다. 국수를 만들 때 유부를 2~3장씩 넣어 먹으면 고소한 맛이 더해지는데, 사용하기 편하게 미리 준비해 두면 바로 꺼내 쓰기 좋다. 밀푀유나베를 만들 때도 고기 대신 유부를 넣어도 좋다.

가지

보관법

가지는 저온에 약해서 냉장고에 보관하면 금방 물러지고 속이 검게 변한다. 실온에 보관하는 것이 좋고 냉장고에 보관한다면 빠른 시일 내에 먹는 것이 좋다.

활용법

가지는 기름과 만나면 더 맛있다. 그래서 튀김 요리에 가지를 자주 이용한다. 가지를 튀겨서 치킨 양념, 깐풍 소스, 크림새우 소스 등을 넣는다. 무조건 정해진 조리법은 없으니 다양하게 재료를 대체해 본다.

숙주

보관법

숙주는 물에 담가 보관하고 물은 자주 갈아주는 것이 좋다.

활용법

두바이에서는 콩나물보다 숙주를 구하기가 더 쉬워 콩나물이 필요한 요리에 숙주를 사용한다. 콩나물 볶음 대신 숙주 볶음, 콩나물전 대신 숙주전 등으로 대체한다. 국수를 만들 때도 숙주를 넣으면 아삭한 맛이 좋고 면의 양을 줄일 수 있다.

깻잎

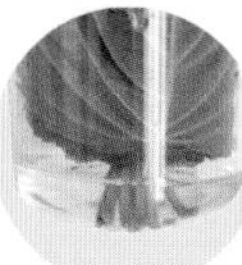

보관법

깻잎이 들어갈 만한 보관 용기에 꼭지 부분이 밑으로 향하도록 담는다. 꼭지 부분이 물에 살짝 잠기면 싱싱하게 오래 보관할 수 있다. 깻잎이 시들시들해지면 차가운 물에 잠시 담가둔다.

활용법

간단한 한 그릇 밥을 먹을 때 달걀과 깻잎을 곁들인다. 깻잎 2~3장을 얇게 채 썰어 덮밥 재료와 함께 담아내면 향긋한 향이 평소와 다른 느낌을 준다. 향이 좋아 간장 양념장에 다진 파 대신 깻잎을 가득 썰어 넣기도 하고, 토마토 마리네이드에 바질 대신 넣기도 한다. 깻잎에 묽게 갠 밀가루 반죽을 묻혀 전을 만들어도 별미다.

연근

보관법

바로 사용하지 않는다면 손질해서 냉동 보관하고 필요할 때마다 꺼내서 사용한다. 껍질을 벗기고 먹기 좋은 크기(1cm)로 슬라이스한다. 끓는 물에 식초 2작은술과 소금 1작은술을 넣고 손질한 연근을 넣어 2분 정도 데친 뒤 식혀서 냉동 보관한다.

활용법

연근도 가지와 마찬가지로 구워 먹으면 더 맛있다. 그래서 가지구이나 두부구이를 만들 때 연근도 함께 넣는다. 연근조림이 지겹다면 연근을 바짝 구워서 간장 양념에 볶듯이 조려 먹어도 좋다. 조리법만 달리해도 새로운 맛을 낼 수 있다.

고추

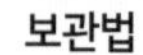

보관법

고추는 꼭지를 떼고 꼭지 부분이 위로 오도록 긴 통에 세워서 보관한다.

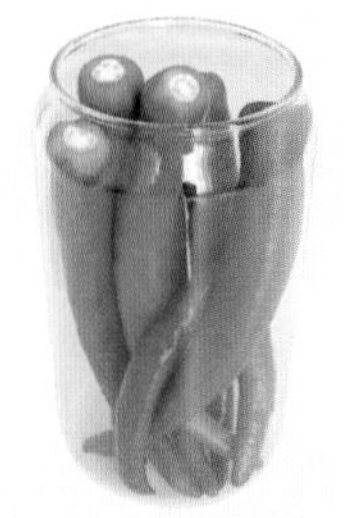

활용법

느끼하거나 부담스러운 음식에 고추를 이용하는 편이다. 매운 고추는 깔끔하게 매콤해서 어디든 잘 어울린다. 달걀말이나 볶음밥, 그리고 마요네즈가 들어간 묵직한 소스에도 꼭 넣는 편이다. 양식 레시피를 보면서 구하기 힘든 외국 식재료를 집에 있는 비슷한 재료로 대체하고 응용하는 즐거움이 있다. 할라페뇨나 베트남 고추, 페퍼론치노, 스리라차 등 매운맛을 추가해야 할 때 청양고추를 대신 넣기도 한다. 음식을 담아낼 때 쪽파와 함께 고추를 잘게 썰어 고명으로 올리면 먹음직스러워 보인다.

방울토마토

보관법

방울토마토는 꼭지를 따면 더 오래 보관 가능하다.

활용법

색깔이 다양하고 곱기 때문에 샐러드나 빵에 넣으면 예쁜 한 그릇이 완성된다. 토마토나 토마토소스가 들어간 요리를 할 때 방울토마토를 함께 넣으면 단맛이 배가된다. 면 요리에도 몇 개씩 넣어주면 풍성함을 더해 근사해진다. 고추장이 들어간 비빔 소스를 만들 때도 응용할 수 있다. 방울토마토를 오래 보관해 쪼글쪼글해졌다면 뜨거운 물에 살짝 데쳐 껍질을 벗겨 낸 뒤 샐러드에 넣거나 마리네이드를 만든다.

양배추

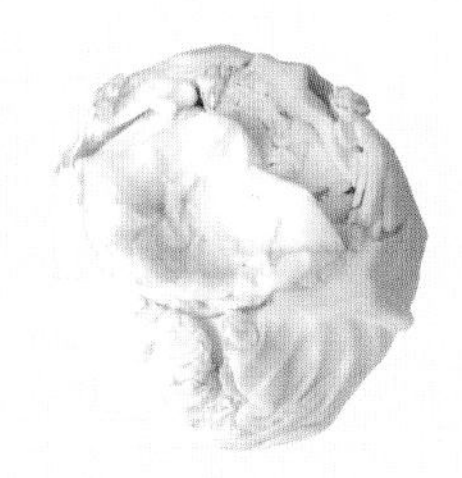

보관법

양배추의 심지 부분을 칼로 도려내고 파인 부분에 물에 적신 키친타월을 올린 뒤 랩이나 비닐로 싸서 냉장고에 보관한다.

활용법

위에 좋은 양배추를 자주 먹으려고 노력 중이라 기본적으로 볶음 반찬에 함께 넣는다. 샤부샤부나 전골, 마라탕을 해 먹을 때 숙주가 없으면 양배추를 채 썰어 숙주 대신 넣어도 좋다. 만두속을 만들어 만두피 대신 양배추로 감싸 구워 먹으면 밀가루의 섭취를 줄일 수 있다.

감자

보관법

감자는 구멍 뚫린 보관 용기에 넣고 바람이 통하는 서늘한 곳에서 보관한다. 감자가 너무 많으면 사과 하나를 함께 넣어 싹이 나는 것을 방지한다. 감자를 4℃ 이하에서 보관했다가 다시 열을 가해 조리하면 유해물질이 발생할 수 있으니 서늘한 상온에서 보관한다.

활용법

감자는 볶아 먹으면 더 맛있어서 다른 볶음 재료와 함께 조리해 새로운 메뉴를 만들 수 있다. 밀가루의 양을 줄이기 위해 감자를 자주 사용하는데 감자 전분가루를 떠올리며 생감자를 갈아 이용한다. 감자를 강판에 갈아 부추나 파를 넣고 반죽해 구워 먹으면 밀가루 없이 건강한 전을 만들 수 있다.

소스류

자신만의 레시피를 만들기 위해 비슷한 맛의 양념이나 소스를 섞는 걸 적극적으로 시도해 본다. 응용하는 일을 어렵게 생각하지 말자.

간장류

진간장과 양조간장, 국간장이 있다. 진간장은 양조간장보다 짜고 열을 가해도 향이 쉽게 사라지지 않아서 찜이나 조림에 적합하다. 양조간장은 진간장보다 덜 짜고 열을 가하면 향이 쉽게 날아가 열을 가하지 않는 요리에 적합하다. 국간장은 염도가 높고 색이 옅어 국이나 찌개를 끓일 때 쓴다. 해외살이를 하다 보니 양조간장과 진간장을 둘 다 구비하지 못할 때가 많다. 그래서 기본적으로 진간장을 쓴다. 같은 진간장이나 국간장도 상품에 따라 염도가 다를 수 있으니 간을 보면서 요리하는 것이 좋다. 간장을 넣는 볶음이나 조림에 간장의 양을 줄이고 된장을 살짝 넣으면 감칠맛도 올라가고 또 다른 맛을 낼 수 있다. 국간장을 넣는 찌개나 국에 피시 소스(또는 액젓)를 넣으면 감칠맛과 깊은 맛이 좋아진다.

참기름과 들기름

참기름은 상온 보관, 들기름은 냉장 보관한다.

플레인 요거트

마요네즈 섭취를 줄이기 위해 플레인 요거트를 적극적으로 활용한다. 가벼운 질감에 좀 더 상큼한 맛을 내 마요네즈가 들어가는 소스, 드레싱에 플레인 요거트를 이용하는데 마요네즈와 함께 섞어도 좋고, 마요네즈를 빼고 요거트만 넣어도 좋다.

스리라차 소스

스리라차 소스는 칼로리가 낮아 매콤한 맛을 내고 싶을 때 부담 없이 사용한다. 토마토소스, 케첩, 마요네즈, 요거트, 땅콩 소스, 고추장 등 다양하게 섞어서 응용 가능하다.

발사믹 비네거

발사믹 비네거는 화이트와 레드 두 종류가 있다. 레드 발사믹은 화이트보다 좀 더 묵직한 것이 특징이고 열을 가하는 요리나 조림류, 고기 요리와 잘 어울린다. 화이트 발사믹은 가볍고 산뜻한 느낌이 있어 드레싱이나 생선 요리에 잘 어울린다. 레드 발사믹은 색이 어두워서 마리네이드나 드레싱을 만들 때는 화이트 발사믹을 주로 사용한다. 하지만 색 구분 없이 한 가지만 사용해도 무방하다.

스모크 파프리카 가루

가정에서는 불 향을 입히는 것이 쉽지 않다. 불 향을 내는 향미유를 팔긴 하지만 구하기도 어렵고 몸에 좋을까 싶어 스모크 파프리카 가루를 사용한다. 짬뽕, 제육볶음 등 불 향을 첨가하고 싶은 요리에 조금 넣어주면 은은한 스모키 향이 난다. 특히 케첩과 마요네즈에 스모크 파프리카 가루를 넣고 섞으면 외국 소스 맛을 내서 자주 응용한다.

HEINZ
57
VARIETIES
HEINZ
MAYONNAISE
HEINZ
TOMATO
KETCHUP
MAILLE.
MAILLE
Originale
SRIRACHA HOT CHILLI SAUCE
SWEET & WARMING
SMOKED PAPRIKA
SAUCES, STEWS, RUBS
Bonne Maman
Apricot Preserves

ACETAIA
REALE
1896
CONDIMENTO
BALSAMICO
BIANCO
FRANTOI CUTRERA
1906
SICILIA
MAILLE.
1747
MAILLE
MAILLE
DEPUIS 1747
à l'Ancienne
BALSAMIC VINEGAR
OF MODENA
PRODUCT OF ITALY / صنع في إيطاليا
GOCCIA NERA
Net.Cont. 8,5 Fl.Oz. (250 ml)

PART 2

한 그릇 밥

참치 채소 덮밥

이것저것 귀찮은 날에는 달걀밥 다음으로 자주 해 먹는 덮밥이다. 특히 샐러드용 채소가 많이 남았을 때 무조건 해 먹는다. 재료도 간단하고 불을 쓰지 않아 만사가 귀찮을 때 그만이다. 밥과 채소, 기름기 뺀 참치 한 캔이면 완성이다. 여기에 김가루나 초고추장, 간장 소스를 곁들이면 회덮밥을 먹는 듯한, 노력 대비 너무 맛있는 한 그릇! 어릴 때는 새콤달콤한 초고추장 맛으로 먹었는데, 이제는 간장에 고추냉이를 넣어 비벼 먹는다. 나이를 먹으면서 변하는 입맛 덕분에 식탁의 풍경이 달라진다.

재료

밥 150g, 참치 통조림 85g(작은 캔 1개), 깻잎 4장, 푸른 잎 채소 적당량 양배추, 당근, 자색 양배추 약간씩, 김가루 약간, 고명(고추, 깨 약간씩)

간장 소스

간장 1큰술, 쯔유 2작은술, 참기름 2작은술, 고추냉이 적당량

만드는 법

1 푸른 잎 채소는 먹기 좋은 크기로 찢고 깻잎, 양배추, 당근, 자색 양배추는 먹기 좋게 썬다.

2 분량의 재료를 골고루 섞어 간장 소스를 만든다.

3 밥에 김가루를 뿌리고 채소와 기름기를 뺀 참치를 올린 뒤 간장 소스와 고명을 뿌린다.

◆ 간장 소스는 간을 보면서 적당량을 넣어 비벼 먹는다.

애호박 덮밥

한국의 애호박과 다르게 생긴 귀여운 매로marrow호박은 1년 내내 두바이 마트에서 팔기 때문에 찌개에도 넣고 볶음에도 넣는 우리 집 단골 재료다. 얇게 채 썰어 볶으면 금방 익고 은은한 단맛이 조미료 역할을 해서 깔끔하게 먹어도 좋고, 빨갛게 볶아 매콤하게 먹어도 좋다. 평범하고 시시한 재료 같아도 찬찬히 살펴보면 무척 근사하다.

찾아보면 이런 근사한 것들이 가득하다. 싱싱해 보이는 열무를 덜컥 사서 다듬는 동안 물김치를 담글지 국을 끓일지 맛있는 고민을 하고, 달걀말이와 달걀찜 중 뭐가 먹고 싶은지 남편에게 물어보며, 함께 식사하는 가족에게 멀리 있는 반찬을 가까이 당겨주는 일. 매일 저녁 찌개를 끓이던 엄마의 마음과 남편이 먹고 싶다던 메뉴로 저녁을 차린 나의 마음이 조금은 닮지 않았을까. 사랑을 담아 요리를 만드는 나만의 공간을 앞으로도 바지런히 꾸려나가고 싶다.

재료

밥 150g, 애호박 ½개, 양파 ¼개, 달걀 1개, 다진 마늘 1작은술, 참기름 1작은술, 식용유 2큰술, 고명(다진 파, 고추, 깨 약간씩)

매콤 양념

간장 1큰술, 올리고당 2작은술, 굴소스 1작은술, 고춧가루 1작은술, 후추 적당량

깔끔 양념

소금 ¼작은술, 후추 적당량

만드는 법

1 애호박과 양파는 채 썰고 매콤 양념 재료는 골고루 섞는다.

2 팬에 식용유를 두르고 마늘과 애호박, 양파를 넣어 볶는다.

3 2의 채소에 숨이 살짝 죽으면 매콤 양념을 넣고 간이 배도록 볶은 뒤 참기름으로 마무리한다.

4 달걀프라이를 만든다.

5 밥에 3의 채소와 달걀프라이를 올리고 고명을 뿌린다.

깔끔 양념 애호박 덮밥

◆ 애호박을 너무 익히면 흐물거리니 오래 볶지 않는다.

◆ 후추는 넉넉히 넣어야 맛있다.

◆ 깔끔 양념 애호박 덮밥은 3의 과정에서 소금을 넣고 간을 한 뒤 참기름과 후추로 마무리한다.

촉촉한 두부 덮밥

가츠동을 응용해 돈가스 대신 두부를 넣고 촉촉한 덮밥을 만들었다. 두부를 숭덩숭덩 썰어 넣고 달걀과 함께 끓이기만 하면 되는데, 튀긴 돈가스보다 훨씬 담백하다. 짭짤한 국물이 촉촉하게 스며든 밥과 두부는 너무 부드러워 술술 넘어간다. 돈가스 대신 두부가스를 넣어도 좋다.(두부가스 만드는 법 96p 참고) 레시피란 가이드라인일 뿐 각자의 취향과 입맛에 따라 다양하게 응용하면 되는 것 아닐까. 그래서 요리가 여전히 좋고, 좀처럼 싫증 나지 않나 보다.

재료

밥 150g, 두부 ½모(150g), 양파 ⅓개, 달걀 1개, 고명(다진 파, 고추, 깨 약간씩)

소스

물 1컵(200ml), 간장 2½큰술, 맛술 2큰술, 후추 약간

만드는 법

1 양파는 채 썰고 두부는 먹기 좋게 손으로 자르고 달걀은 풀어둔다.
2 마른 팬에 양파를 넣고 불 향이 나도록 센 불에서 볶는다.
3 분량의 재료를 골고루 섞어 소스를 만든다.
4 소스와 두부를 팬에 넣고 간이 배도록 센 불에서 바글바글 끓인다.
5 국물이 살짝 졸면 달걀을 두르고 익힌다.
6 밥에 국물과 두부를 올리고 고명을 뿌린다.

◆ 두부는 칼로 반듯하게 썰어도 된다.
◆ 달걀물을 붓고 바로 저으면 국물이 지저분해진다.

팽이버섯 달걀 스크램블 덮밥

조금 늦은 점심 때 급하게 만든 부드러운 팽이버섯 달걀 스크램블 덮밥이다. 달걀은 빨리 익기 때문에 팽이버섯을 먼저 살짝 볶은 뒤, 굴소스와 마요네즈로 간한 달걀물을 붓고 재빨리 스크램블을 만든다. 간장을 넣으면 스크램블 색깔이 진해질 것 같아 굴소스를 넣고 부드러운 맛을 더하기 위해 마요네즈를 넣었는데 생각보다 맛있다. 준비부터 완성까지 10분 만에 끝나는 참 간편한 메뉴다. 어중간한 시간이라 그냥 건너뛸 수도 있는 끼니를 매번 최선을 다해서 먹는다. 쉽게 만들 수 있는 메뉴가 메모장에 차곡차곡 쌓이고, 나날이 건강하고 행복하게 살찐다.

재료

밥 150g, 팽이버섯 1봉지(150g), 달걀 2개, 식용유 1.5큰술, 고명(다진 쪽파, 청고추, 홍고추, 깨 약간씩)

달걀물 양념

굴소스 1큰술, 마요네즈 1작은술, 참기름 1작은술, 소금 2꼬집

만드는 법

1 팽이버섯은 2~3cm 길이로 먹기 좋게 자른다.
2 달걀을 풀고 달걀물 양념을 넣어 간한다.
3 팬에 식용유를 두르고 팽이버섯을 넣은 뒤 1분 정도 중불에서 살짝 볶는다.
4 2의 달걀물을 붓고 중강불에서 달걀 스크램블을 만든다.
5 밥에 4의 팽이버섯 달걀 스크램블을 올리고 고명을 뿌린다.

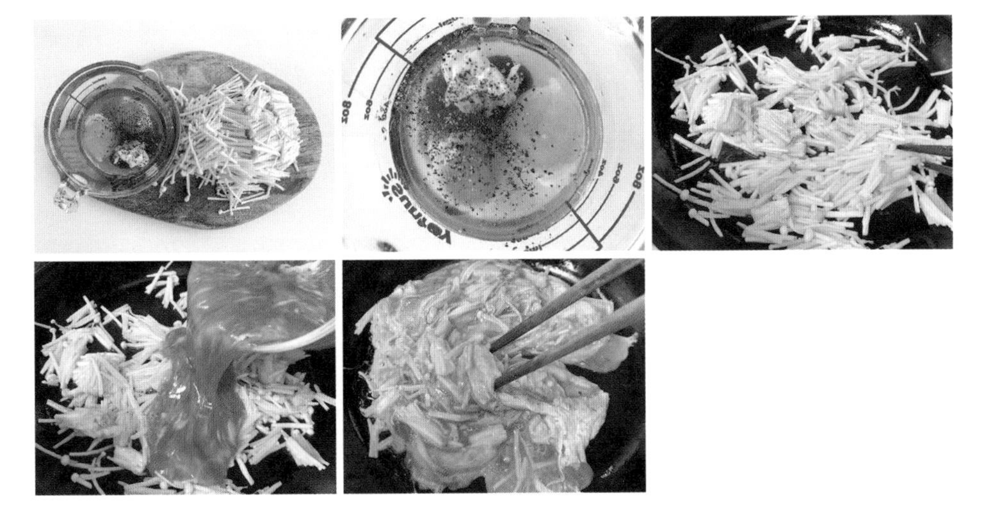

◆ 달걀 스크램블은 살짝 덜 익었을 때 불을 끈다.
◆ 마요네즈는 생략해도 되지만 넣으면 더 부드러워진다.

양배추 덮밥

커피도 좋아하고 야식도 좋아해서 가끔 위에 탈이 나곤 하는데, 양배추는 위에 좋은 채소라 식탁에 자주 올라간다. 양배추 한 통을 사면 크게 네 조각 내서 두 조각은 찜기에 쪄서 쌈으로 먹고, 한 조각은 짭짤하게 볶아 밥반찬이나 덮밥으로 먹는다. 남은 조각은 곱게 채 썰어 샌드위치를 만든다. 아삭하고 달콤한 맛이 질리지 않는다. 간장 대신 된장을 넣어 구수하고 감칠맛 나는 양배추 볶음을 만들었다. 고춧가루를 더하면 매콤하게 먹을 수 있으니 그날그날 기호에 맞게 만든다. 두 가지 맛을 한번에 만들 때도 있다. 2인분의 된장 양념을 볶다가 반은 밥 위에 올리고, 나머지 반은 고춧가루만 넣고 한 번 더 볶으면 두 가지 맛을 뚝딱 만들어낼 수 있다. 볶아서 더 달달해진 양배추를 가득 올려 먹으니 아주 든든하다. 언제 다 먹지 싶었던 커다란 양배추도 2, 3일이면 소진 완료. 마트에 들러 양배추를 또 사야겠다.

재료

밥 150g, 양배추 120g, 양파 ¼개, 달걀 1개, 식용유 2큰술, 고명(다진 쪽파, 고추, 깨 약간씩)

양념

된장 1큰술, 물 1큰술, 참기름 2작은술, 굴소스 1작은술, 다진 마늘 1작은술, 후추 약간, 고춧가루 1½작은술(생략 가능)

만드는 법

1 양배추와 양파는 채 썬다.
2 분량의 재료를 골고루 섞어 양념을 만든다.
3 팬에 식용유를 두르고 양배추와 양파를 넣어 센 불에서 볶는다.
4 3의 채소에 숨이 살짝 죽으면 양념을 넣고 간이 배도록 중불에서 1분 정도 더 볶는다.
5 달걀프라이를 만든다.
6 밥에 4의 채소를 올리고 달걀프라이를 올린 뒤 고명을 뿌린다.

새송이버섯 부추 덮밥

새송이버섯과 부추를 채 썰어 간장을 넣고 볶아내 밥 위에 올렸더니 10분도 채 걸리지 않는다. 새송이버섯은 너무 오래 볶으면 수분이 나와 질척거리니 센 불에서 빠르게 볶고, 부추도 열이 스치는 정도로만 섞어서 마무리한다. 간단하게 만들었지만 새송이버섯과 부추의 향이 잘 어울린다. 가볍게 만들고 진하게 채운다. 각자 잘하는 걸 하자고 정했기에 요리는 거의 내 담당인데, 부엌에 있는 시간이 상당하다. 식사 시간은 왜 이렇게 자주 돌아오나 싶은데 혼자 있을 때는 더 그렇다. 하지만 먹고 나면 요리하길 잘했다 싶다. 쉬지 않고 달리다 보면 좋아하는 일도 버거울 수 있다. 쉽고 간편한 요리로 잠시 숨을 돌려본다. 속도를 낮추는 법을 알아가는 중이다.

재료

밥 150g, 새송이버섯 2개, 다진 마늘 1작은술, 식용유 1.5큰술, 부추 30g, 홍고추 약간, 고명(깨 약간)

양념

간장 1큰술, 미림 1큰술, 참기름 2작은술, 굴소스 1작은술, 후추 적당량

만드는 법

1 새송이버섯은 채 썰듯 길게 자르고 부추도 비슷한 길이로 자르고 홍고추는 쫑쫑 썬다.
2 분량의 재료를 골고루 섞어 양념을 만든다.
3 팬에 식용유를 두르고 새송이버섯과 마늘을 넣어 중불에서 볶는다.
4 새송이버섯에 살짝 숨이 죽으면 홍고추와 양념을 넣고 센불에서 빠르게 볶다가 부추를 넣고 살짝 버무리듯 섞는다.
5 밥에 4의 채소를 올리고 고명을 뿌린다.

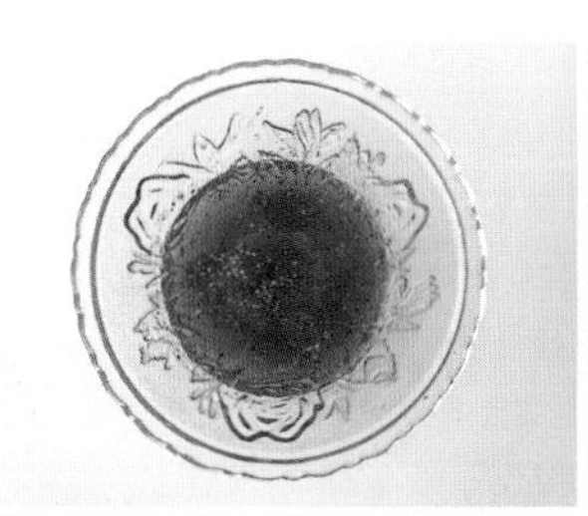
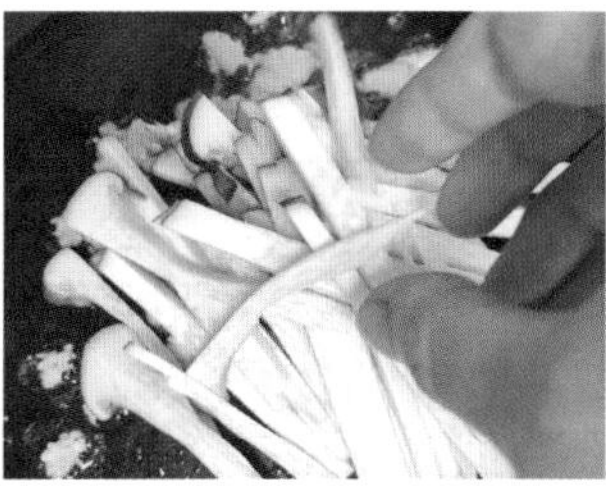

♦ 버섯을 볶을 때 식용유가 금방 흡수되어 뻑뻑해지면 물 1큰술을 넣고 볶는다.
♦ 부추는 너무 익히면 흐물거리니 마지막에 넣고 바로 불을 끄면 잔열로 익는다.

숙주 덮밥

식사 시간은 파도처럼 밀려온다. 아침 먹고 돌아서면 점심이고, 점심 먹고 돌아서면 저녁이다. "뭘 해 먹지"라는 말을 입에 달고 산다. 엄마가 뭐 먹고 싶냐고 물어봤을 때, "아무거나"라고 대답했던 것이 죄송스럽다. 지금은 내가 남편한테 날마다 물어본다. "뭐 먹고 싶어?" 숙주는 조금만 시간이 지나면 물러지고 거뭇해져서 구입하고 바로 먹어야 한다. 아삭한 숙주만 넣어 간단한 덮밥을 만들었다. 남은 양배추를 조금 넣었지만 숙주만으로도 충분하다. 숙주는 무쳐 먹거나 샤부샤부에 넣거나 고기를 먹을 때 곁들여 먹는 정도였는데, 오늘은 덮밥의 주인공이다. 식초를 약간 넣으면 감칠맛이 더해지고 아삭아삭한 소리까지 맛있다. 자신 없이 만든 요리가 제법 맛있어서 기쁜 마음도 더해진다. 그나저나 저녁은 또 뭘 먹지.

재료

밥 150g, 숙주 100g, 양배추 1장, 다진 마늘 1작은술, 식용유 2큰술, 매운 고추 적당량, 고명(다진 대파, 깨 약간씩)

양념

간장 1큰술, 미림 1큰술, 식초 2작은술, 굴소스 2작은술, 참기름 1작은술, 후추 적당량

만드는 법

1 양배추는 채 썰고 고추는 쫑쫑 썬다.

2 분량의 재료를 골고루 섞어 양념을 만든다.

3 팬에 식용유를 두르고 양배추와 마늘을 넣어 센 불에서 1분 정도 볶는다.

4 양배추에 숨이 죽으면 숙주를 넣고 양념을 넣은 뒤 재빨리 볶는다.

5 밥에 4의 채소를 올리고 매운 고추와 고명을 뿌린다.

◆ 팬에 채소를 넣고 조리 시간은 3분을 넘기지 않아야 아삭한 식감을 즐길 수 있다.
◆ 숙주는 생각보다 빨리 익으니 30초 정도 덜 볶았을 때 불을 끄면 잔열로 더 익는다.
◆ 식초를 넣으면 숙주 특유의 비린 맛을 없애주고, 약간의 새콤함이 감칠맛을 더해준다.

매콤 감자조림 덮밥

두바이는 보통 뜨거운 여름이거나 약간 시원한 여름이다. 아무튼 1년 내내 여름이다. 사계절이 없는 나라에서 제철 음식을 챙긴다는 게 무슨 의미인가 싶지만 이때쯤 이런 걸 먹었지 하며 잠시 마음을 달랜다. 그러다 보니 한국의 계절에 맞춰 음식을 해 먹는 버릇 아닌 버릇이 생겼다. 여름에는 옥수수와 복숭아를 즐겨 먹고, 콩국수를 만든다. 겨울에는 물김치를 담가 새콤한 국물과 찐 고구마를 먹고 동지에 맞춰 팥죽을 쑨다. 감자는 여름에 자주 먹었다. 조려서 먹고, 볶아서 먹고, 포실포실하게 삶아 설탕을 솔솔 뿌려서 자주 먹었다. 에어컨을 끄면 금세 더워지는 여름이 왔다. 행사로 ㎏당 2디르함(약 700원 정도)인 감자를 골라 담아왔다. 감자조림을 덮밥으로 만들 참이다. 감자를 작게 깍둑썰기하고 빨갛게 조려 밥에 올려 먹으면, 반찬으로 먹는 것과는 또 다른 즐거움이다. 매콤하게 양념해 인중에 땀이 송골송골 맺히고, 선풍기 바람이 시원하게 불어 온다. 행복한 여름의 풍경, 여름의 밥상이다.

재료

밥 150g, 감자 1개(중간 크기), 양파 ¼개, 대파 1줄기, 달걀 1개, 식용유 1.5큰술, 고명(다진 쪽파, 고추, 깨 약간씩)

양념

고추장 1큰술, 맛술 1큰술, 올리고당 1큰술, 간장 2작은술, 참기름 1작은술, 고춧가루 1작은술, 다진 마늘 1작은술, 후추 약간

만드는 법

1 감자와 양파는 작게 깍둑썰기하고 대파도 비슷한 크기로 자른다.
2 팬에 식용유를 두르고 대파, 양파, 감자를 넣어 중약불에서 노릇하게 볶듯이 익힌다.
3 분량의 재료를 골고루 섞어 양념을 만든다.
4 감자가 어느 정도 익으면 3의 양념을 붓고 간이 배도록 자작하게 조린다.
5 달걀프라이를 만든다.
6 밥에 4의 감자조림과 달걀프라이를 올리고 고명을 뿌린다.

◆ 소스를 일찍 넣으면 감자가 익는 동안 소스가 탈 수 있으니 감자를 충분히 익힌 다음 소스를 넣어 간이 배도록 한다.
◆ 감자의 크기가 다 다르니 맛을 보면서 간을 더한다.

들깨 배추 덮밥

두바이의 겨울은 한국 날씨로 치면 초가을 정도인데, 낮엔 여전히 햇빛이 뜨겁지만 아침 저녁으로는 꽤 쌀쌀하다. 일찍 일어난 아침에는 맨발이 너무 차갑다. 오늘은 뜨뜻한 요리를 먹어야겠다. 배추를 볶다가 들깨를 넣어 밥에 듬뿍 올려 먹었는데, 간단하지만 들깻가루 덕분에 몇 시간 끓인 국물처럼 묵직해졌다. 눈 오는 날 아침으로 먹으면 더 좋을 것 같다는 생각을 잠시 해본다.
일어나는 시간을 조금씩 앞당겨 이제는 일찍 아침을 시작한다. 덕분에 아침밥도 챙겨 먹게 되었고, 나를 돌볼 줄 알게 되었고, 특히 채소를 많이 먹게 되었다. 밥 지을 때 나는 냄새가 좋아졌고 하트 모양으로 잘려진 대파를 보고 설렐 줄 알게 되었다. 작은 것이 모이고 모여 기분 좋은 아침이 시작된다. 오늘의 사소한 행복은 구수한 들깨!

재료

밥 150g, 배추 3장(큰 잎 사용), 다진 마늘 1작은술, 들기름 1큰술, 물 100ml, 참기름 2작은술, 달걀 1개 매운 고추 약간, 고명(다진 쪽파, 깨 약간씩)

양념

국간장 2작은술, 피시 소스(또는 액젓) 1작은술, 올리고당 1작은술, 들깻가루 1큰술

만드는 법

1 배추는 먹기 좋게 채 썰고 고추는 쫑쫑 썬다.
2 팬에 들기름을 두르고 마늘과 배추를 넣은 뒤 1분 정도 살짝 볶는다.
3 물을 붓고 양념 재료를 전부 넣은 뒤 중강불에서 바글바글 끓인다.
4 국물이 자작해지면 고추와 참기름을 넣는다.
5 달걀프라이를 만든다.
6 밥에 배추 국물을 붓고 배추를 가득 올린 뒤 달걀프라이와 고명을 올린다.

◆ 국물이 생기지 않도록 졸여도 되지만, 국물이 살짝 생기도록 졸여서 촉촉하게 먹으면 부드럽게 술술 넘어간다.

팽이버섯 덮밥

오독오독하게 씹히는 재밌는 식감에 이름도 귀여운 팽이버섯은 자주 구입하는 재료다. 다양하게 활용해 먹는데, 금방 익어서 간단한 한 그릇 재료로도 적당하다. 자주 만드는 메뉴라서 양념도 간장, 매콤 두 가지 버전이 있다. 팽이버섯만 올려 먹어도 좋지만, 밥을 조금 적게 넣고 양배추를 가볍게 볶아 곁들이면 포만감을 높일 수 있다. 흔하게 구할 수 있는 저렴한 재료로 보기 좋게 요리를 완성하면 만족감이 배가된다. 양념을 두 가지로 만들었으니 성취감이 곱절에 곱절이다. 레시피를 쓰고 요리 사진을 가만히 들여다보았다. 같은 재료지만 양념에 따라 다르게 변신한 덮밥도, 그럴듯하게 익혀낸 수란도 모두 근사하다. 이렇게 작은 것에 충만해지는 마음이라면 자주 나를 위해 요리해야겠다.

재료

밥 150g, 팽이버섯 1봉지(150g), 양배추 50g, 당근 ¼개, 파 1줄기, 소금 1꼬집, 달걀 1개(식초 4큰술, 물1L), 식용유 1큰술, 참기름 ½큰술, 후추 약간, 고명(다진 쪽파, 깨 약간씩)

간장 양념

간장 2큰술, 미림 1큰술, 올리고당 1작은술, 다진 마늘 1작은술, 참기름 1작은술, 후추 적당량, 다진 고추 적당량

매콤 양념

간장 1큰술, 미림 1큰술, 참기름 2작은술, 스리라차 소스 2작은술, 고추장 1작은술, 굴소스 1작은술, 올리고당 1작은술, 후추 적당량

수란 만드는 법

1 달걀(되도록 신선한 달걀)을 깨서 그릇에 잠시 둔다.
2 냄비나 깊은 팬에 물 1L를 붓고 한소끔 끓인다.
3 식초를 4큰술 넣고 가장 약한 불로 낮춘다.
4 숟가락으로 물을 저어 회오리를 만들어 달걀을 조심스럽게 넣고 3~4분 뒤 꺼낸다.

만드는 법

1 양배추, 당근, 파는 채 썰고 팽이버섯은 2cm 길이로 자르고 양념은 미리 섞어둔다.
2 팬에 식용유를 두르고 양배추, 당근, 파, 소금, 후추를 넣어 센 불에서 빠르게 볶는다.
3 다른 팬에 참기름을 두르고 팽이버섯을 넣어 살짝 볶다가 원하는 양념을 넣어 촉촉하게 볶는다.
4 밥에 2의 채소와 팽이버섯을 올리고 수란을 올린 뒤 고명을 뿌린다.

간장 양념 팽이버섯 덮밥

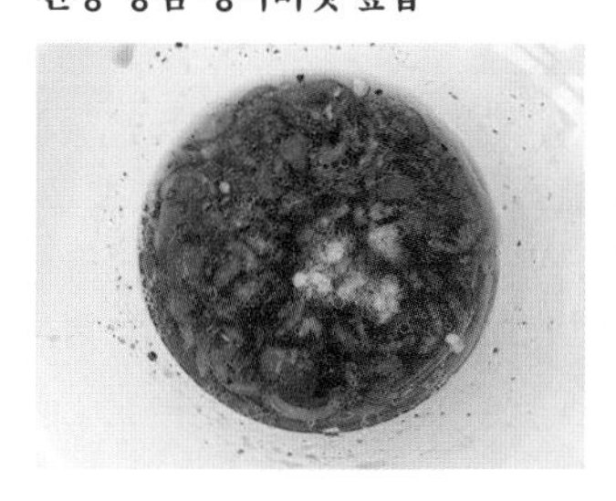

두부 크럼블 가지 덮밥

두부와 가지는 자주 사용하는 재료다. 이것저것 시도도 해보고 다양하게 요리하는 편인데, 내 멋대로 만들다가 맛있는 한 그릇이 만들어질 때가 있다. 딱히 만들고 싶은 국물 요리가 없으면 된장찌개를 끓여 먹는데 그럴 때 두부가 없으면 섭섭한 마음이 든다. 그래서 만일에 대비해 두부를 조금 남겨 소금물에 담가둔다. 한번은 두부를 색다르게 먹고 싶어서 칼등으로 으깨어 팬에 볶았다. 가지도 짭짤하게 간장에 조린다. 깻잎을 곁들여 가지와 달걀노른자를 푹 떠서 먹으니 내가 만들었지만 참 맛나다. 냉장고를 열어 어떤 재료가 있나 훑어보다가 '이렇게 해 먹어 볼까?' 생각한 대로 만들어내면 이제 어엿한 주부가 되었구나 싶어 으쓱한다.

재료

밥 150g, 두부 ⅓모(100g), 깻잎 2장, 가지 1개, 달걀노른자 1개 분량, 식용유 1.5큰술, 전분가루 약간, 고명(다진 쪽파, 깨 약간씩)

양념

간장 1½큰술, 물 1½큰술, 굴소스 2작은술, 참기름 2작은술, 설탕 1작은술, 다진 마늘 1작은술, 올리고당 1작은술, 후추 약간, 다진 매운 고추 약간

만드는 법

1 두부는 칼등으로 으깨고 깻잎은 채 썰고 가지는 슬라이스해서 앞뒤로 전분가루를 살짝 묻힌다.

2 마른 팬에 으깬 두부를 넣고 수분이 날아가도록 중강불에서 고슬고슬하게 볶는다.

3 양념을 섞어서 두부에 1큰술 넣고 간이 배도록 볶는다.

4 다른 팬에 식용유를 두르고 가지를 넣어 노릇하게 구운 뒤 나머지 양념을 붓고 조린다.

5 밥에 두부 크럼블, 깻잎, 가지를 순서대로 올리고 달걀노른자와 고명으로 마무리한다.

◆ 가지에 양념을 넣고 조릴 때는 촉촉한 상태에서 불을 끈다.

◆ 가지를 얇게 슬라이스할 때 빵칼로 자르면 좀 더 쉽게 자를 수 있다.

두부완자 덮밥

남은 두부로 해 먹기 좋은 두부 동그랑땡이다. 애매하게 남은 두부도 채소 몇 가지를 다져 넣고 동글동글하게 반죽하면 양이 꽤 된다. 두부는 물기를 꼭 짜서 으깨고, 여러 가지 채소를 다져 넣어, 손으로 열심히 치대어 반죽한다. 음식은 손맛이라고. 손으로 주무르듯이 섞어야 동그랗게 반죽할 때 모양이 으스러지지 않는다. 밀가루옷이나 달걀물을 입히지 않고 바로 구우면 담백하게 먹을 수 있고, 알록달록 비즈 같은 채소를 넣어 눈으로 즐기는 일은 덤이다. 밥반찬으로 간장에 찍어 먹어도 맛있다. 촉촉하게 간장 양념에 조려 밥에 올렸는데 분량이 그릇에 딱 맞아서 기분까지 좋아진다. 반복적인 일에서 찾는 곳곳의 즐거움이 하루를 포근하게 채워준다.

재료
밥 150g, 달걀노른자 1개 분량, 식용유 2큰술, 고명(다진 쪽파, 깨 약간씩)

두부완자
두부 ½모(150g), 당근 ⅓개, 양파 ¼개, 전분가루 1½큰술, 다진 마늘 1작은술, 소금 ¼작은술, 쪽파 2줄기, 청홍고추 각 1개씩, 후추 약간

양념
물 4큰술, 간장 2큰술, 올리고당 2큰술, 참기름 2작은술, 굴소스 1작은술, 식초 1작은술

만드는 법

1 두부는 으깨서 면포에 넣어 물기를 꼭 짜고 채소는 곱게 다진다.
2 두부완자 재료를 볼에 넣고 손으로 치대듯 먹기 좋은 크기로 동그랗게 반죽한다.
3 분량의 재료를 골고루 섞어 양념을 만든다.
4 팬에 식용유를 두르고 2의 반죽을 넣어 중불에서 노릇하게 굽는다.
5 단단하고 노릇하게 구운 두부완자에 양념을 붓고 조린다. 팬에 기름이 많으면 살짝 닦는다.
6 두부완자를 밥에 가지런히 올리고 달걀노른자와 고명을 곁들인다.

♦ 두부와 채소는 생으로 먹어도 괜찮으니 맛을 보면서 소금을 가감한다.
♦ 두부에서 물기를 꼭 짜지 않아 반죽이 흐물거려 모양을 잡기 힘들다면 전분가루나 밀가루를 추가한다.
♦ 너무 자주 뒤집으면 부서질 수도 있으니 한 면이 충분히 익으면 뒤집는다.

데리야키 두부 덮밥

한 그릇 밥을 자주 해 먹게 된 이유가 있다. 설거지가 적다는 장점도 있지만, 밥과 반찬을 따로 먹으면 밥을 많이 먹게 된다. 절제력이 부족한지 배가 불러도 밥을 더 먹는다. 그래서 밥은 적게 담고, 포만감이 좋은 재료로 한 그릇 밥을 자주 만들게 되었다. 먹을 만큼만 한 그릇에 담아 먹다 보면 금방 배가 든든해지고, 먹을 만큼만 만들었기 때문에 과식을 할 수도 없다. 치킨 느낌을 내기 위해 두부를 손으로 투박하게 잘라 전분가루를 묻혀 바싹 굽고, 생강 향 나는 간장 양념에 짭조름하게 조리면 치킨만큼 고소하고 맛나다. 함께 구운 양파도 달짝지근해 입맛을 돋운다. 두부로 이것저것 해 먹는 재미가 참 쏠쏠하다. 오늘도 맛있게 잘 먹었다!

재료

밥 150g, 두부 ½모(150g), 양파 ¼개, 전분가루 3큰술, 식용유 3큰술, 마요네즈 약간, 고명(다진 쪽파, 깨 약간씩)

양념

다진 생강 ½톨 분량, 물 2큰술, 간장 2큰술, 맛술 1큰술, 설탕 1작은술, 전분가루 1작은술, 후추 약간

만드는 법

1 두부는 손으로 자르고 양파는 도톰하게 통으로 슬라이스한다.
2 분량의 재료를 골고루 섞어 양념을 만든다.
3 두부에 전분가루를 묻힌다.
4 팬에 식용유를 두르고 두부와 양파를 넣어 중불에서 노릇하게 굽는다.
5 양념을 넣어 조린다.
6 밥에 두부와 양파를 올리고 마요네즈를 뿌린 뒤 고명을 올린다.

◆ 마요네즈를 얇게 뿌리고 싶은데 전용 용기가 없다면, 입구를 랩으로 싸고 고무줄로 고정시킨 뒤 이쑤시개로 살짝 구멍을 뚫어서 뿌리면 된다.

채소구이 강된장 덮밥

가지는 냉장고에 넣어도 얼른 먹어야 하는 채소라 뭘 만들까 고민하다가 강된장을 만들기로 했다. 냉장고에 있는 채소를 꺼내 썰고 굽고 끓인다. 오늘은 채소 파티다. 채소와 된장을 들기름에 볶다가 채수를 부어서 끓인다. 가지를 된장에 넣어본 적이 없어서 괜찮을까 싶었는데 부드럽고 잘 어울린다. 강된장이 끓는 동안 비벼 먹을 채소도 노릇하게 굽는다. 구워서 더 달큼해진 채소와 가지를 듬뿍 넣어 폭신폭신한 강된장을 쓱싹 비벼 먹으니 매미 소리 나는 초여름의 분위기가 나는 듯하다. 선풍기 바람 솔솔 쐬면서 먹는 점심은 별거 아니어도 행복하다.

재료

밥 100g, 달걀 1개, 채소(양배추, 애호박, 당근, 줄기콩, 연근 등) 적당량, 두부 ⅓모(100g), 식용유 1큰술, 고명(다진 쪽파, 깨 약간씩)

강된장

가지 1개(작은 것), 양파 ⅓개, 새송이버섯 1개, 들기름 2큰술, 된장 2큰술, 고추장 1큰술, 올리고당 1큰술, 다진 마늘 2작은술, 참기름 1작은술, 채수(또는 물) 50ml, 파 약간, 청고추 약간, 홍고추 약간

만드는 법

1 가지, 양파, 새송이버섯은 작게 깍둑썰기하고 파와 고추는 쫑쫑 썬다.
2 두부, 연근, 당근, 줄기콩, 애호박 등 곁들일 구이용 채소는 먹기 좋게 자른다.
3 팬에 들기름을 두르고 가지, 양파, 버섯을 넣어 볶는다.
4 된장, 고추장, 올리고당, 마늘을 넣고 중불에서 잠시 볶는다.
5 채수를 붓고 바글바글 끓이다가 자작해지면 고추와 대파, 참기름을 넣는다.
6 다른 팬에 식용유를 두르고 채소와 두부를 넣어 노릇하게 굽는다.
7 달걀프라이를 만든다.
8 밥에 구운 채소, 달걀프라이를 올리고 강된장을 원하는 만큼 올린 뒤 고명을 뿌린다.

◆ 채수 만드는 법은 155p 참고.

◆ 채소를 구울 때 수분이 나오기 때문에 식용유를 많이 두르지 않고 담백하게 굽는다.

버섯 두루치기 덮밥

매콤하게 볶은 제육볶음을 참 좋아한다. 하지만 두바이는 정육점에서 썰어주는 신선한 돼지고기를 찾기 어렵다. 돼지고기가 금기인 나라에서 맛 좋은 고기를 살 수 있는 곳은 한정적이고 대부분이 냉동이다. 문화적 차이 때문에 구할 수 있는 재료의 한계가 있어, 한국에서 먹던 요리를 상황에 맞게 응용하는 일이 당연하고 자연스러워졌다. 칼칼한 게 당기는 날, 새빨간 제육볶음 양념으로 고기 대신 버섯을 볶았더니 쫄깃쫄깃 맛있다. 스모크 파프리카 가루를 넣어 불 향도 살짝 더한다. 빨갛게 비벼 먹어도 좋고, 쌈을 싸 먹어도 좋다. 다른 문화를 가진 낯선 곳에 적응하면서 식습관도 식성도 조금씩 변한다. 타지에서 새로운 나와 만나는 중이다.

재료

밥 150g, 새송이버섯 2개, 양파 ¼개, 깻잎 3장, 쪽파 2줄기, 참기름 1작은술, 식용유 1½큰술, 깨 약간

양념

고추장 2작은술, 간장 2작은술, 미림 2작은술, 고춧가루 1작은술, 다진 마늘 1작은술, 스모크 파프리카 가루 ½작은술, 설탕 ½작은술, 후추 약간

만드는 법

1 새송이버섯과 양파, 깻잎은 채 썰고 쪽파는 비슷한 길이로 자른다.
2 끓는 물에 새송이버섯을 넣어 30초 이내로 살짝 데치고 찬물에 헹군 뒤 살짝 물기를 짠다.
3 분량의 재료를 골고루 섞어 양념을 만든다.
4 팬에 식용유를 두르고 새송이버섯과 양파를 넣어 중불에서 볶다가 양념을 넣어 간이 배도록 볶는다.
5 쪽파와 깨, 참기름을 넣고 한 번 더 섞는다.
6 밥에 깻잎과 5의 버섯 두루치기를 올린다.

◆ 스모크 파프리카 가루는 생략 가능하지만 넣으면 향이 풍부해진다. 오래 요긴하게 쓸 수 있어서 하나쯤 있으면 좋다. 불 향을 살짝 내고 싶은 요리에 넣어 먹는다.
◆ 밥 양은 줄이고 콩나물을 추가해 비벼 먹어도 좋고 상추 쌈을 싸서 먹어도 좋다.

버섯 들깨 덮밥

어른이 되고 알게 된 맛 중 하나가 들깨다. 들깨를 넣고 묵직하게 끓인 미역국은 한 그릇 먹고 나면 몸이 뜨끈해지고, 볶음 요리에 들깻가루를 한 숟갈씩 넣으면 무척 고소하다. 들깨야말로 마법의 가루가 아닐까. 양파와 각종 버섯을 볶다가 짭짤한 된장 양념과 들깻가루를 듬뿍 넣어 버섯볶음을 완성한다. 쓱쓱 비벼 먹으면 몸에 좋은 약을 먹는 기분이다. 어렸을 때는 들깨 특유의 향과 텁텁함이 싫어서 반찬 투정을 하곤 했는데, 이제 그 반찬은 그리움이 되어버렸다. 화려한 재료에 다양하고 기발한 레시피까지, 세상에는 멋진 요리가 정말 많다. 그래서인지 어렸을 때부터 먹어온 엄마의 요리를 가끔 잊을 때가 있다. 똑같이 만들어도 엄마가 해주는 그 맛과는 다른 설익은 솜씨지만, 조금씩 흉내 내다 보면 엄마의 요리가 하나둘 나의 요리가 되겠지. 그날이 올 때까지 파이팅이다.

재료

밥 150g, 만가닥버섯(또는 느타리버섯) 60g, 새송이버섯 1개, 양배추 50g, 양파 ¼개, 깻잎 3장, 다진 마늘 2작은술, 들깻가루 1큰술, 들기름 1큰술, 식용유 1½큰술, 고명(고추, 깨 약간씩)

양념

된장 1½작은술, 간장 2작은술, 올리고당 1작은술, 후추 약간

만드는 법

1 버섯은 먹기 좋게 자르고 양배추, 양파, 깻잎은 채 썬다.
2 분량의 재료를 골고루 섞어 양념을 만든다.
3 팬에 식용유를 두르고 양파와 마늘을 넣어 향이 나도록 1분 정도 중불에서 살짝 볶는다.
4 버섯, 양배추를 넣고 센 불에 숨이 살짝 죽을 정도로 2분 정도 달달 볶는다.
5 어느 정도 익으면 불을 줄이고 양념을 넣고 볶다가 들깻가루와 들기름을 넣은 뒤 재빨리 섞는다.
6 밥에 깻잎과 5의 버섯을 올리고 고명을 뿌린다.

♦ 버섯과 양배추는 많아 보여도 볶으면 숨이 죽어 적당하다.
♦ 들깻가루를 넣어 너무 뻑뻑하다 싶으면 물을 1~2큰술 추가해도 좋다.

가지 유부 피망 덮밥

피망을 여러 개를 사서 부지런히 먹고 반 개가 남았다. 왜 꼭 재료는 반 개씩 남는 건지. 하지만 남은 피망도 근사한 한끼 재료가 된다. 가지가 맛있는 계절이다. 남은 피망에 가지와 유부를 채 썰어 넣고 덮밥을 만들어야지. 과연 이 재료가 잘 어울릴까 싶지만 다양한 재료를 조합해 보는 일을 어려워하면 안 된다. 열심히 도전해야 응용이 자연스러워진다. 간장 양념으로 볶아 은은하게 올라오는 피망 향과 유부의 감칠맛, 가지의 부드러움이 잘 어울리는 한 그릇이 완성되었다. 채소를 볶을 때 유부를 같이 넣으면 고기를 넣은 것처럼 감칠맛이 올라간다. 유부를 잔뜩 사다가 끓는 물에 데쳐 기름을 빼고 켜켜이 담아 냉동실에 보관해 두는데, 은근 귀찮은 일이다. 하지만 여기저기 넣어보면 부지런히 움직이길 잘했다 싶다. 약간의 수고와 남은 채소를 잊지 않는 알뜰함으로 작은 식탁이 훨씬 풍성해진다.

재료

밥 150g, 가지 ½개(작은 것), 피망 ½개, 유부 2장, 당근 ⅓개, 달걀노른자 1개 분량, 식용유 2큰술, 고명(다진 대파, 매운 고추, 깨 약간씩)

양념

간장 2큰술, 설탕 2작은술, 굴소스 1작은술, 다진 마늘 1작은술, 식초 1작은술, 참기름 1작은술, 후추 약간

전분물

전분 1큰술, 물 1큰술

만드는 법

1 가지, 피망, 유부, 당근은 비슷한 길이로 채 썬다.

2 분량의 재료를 골고루 섞어 양념과 전분물을 만든다.

3 팬에 식용유를 두르고 가지와 당근을 넣어 중강불에서 볶다가 어느 정도 숨이 죽으면 유부와 피망을 넣고 1~2분 정도 더 볶는다.

4 양념을 넣고 간이 배도록 골고루 볶는다.

5 전분물을 붓고 한 번 더 섞는다.

6 밥에 5를 소복이 담고 달걀노른자를 올린 뒤 고명을 뿌린다.

◆ 전분물을 붓고 빨리 섞지 않으면 전분이 덩어리진다.

양파볶음 삼색 채소 덮밥

양파를 넉넉하게 볶아 간단히 덮밥을 만들려다가 다른 채소도 같이 굽기로 했다. 매콤하게 볶은 양파를 밥 위에 가득 올리고, 노릇하게 구운 애호박, 가지, 연근을 차례로 두르고, 달걀노른자로 마무리한다. 생각보다 귀여운 한 그릇을 보면서 혼자 감탄하고 사진을 찍었다. 달걀노른자를 톡 터트리면 밥과 양파 사이로 자연스럽게 스며들고, 구운 채소와 함께 먹으니 채소의 맛이 더욱 풍부해진다. 요리를 하면서 취향을 알게 되었다. 나는 귀여운 걸 좋아하는 게 분명하다!

재료

밥 150g, 연근 50g, 가지 ½개, 애호박 ⅓개, 양파 1개(작은 크기), 달걀노른자 1개 분량(생략 가능), 소금 1꼬집, 식용유 3큰술, 고명(다진 쪽파, 깨 약간씩)

양념

간장 2큰술, 다진 마늘 1½작은술, 고춧가루 1½작은술, 참기름 2작은술, 설탕 1작은술, 스모크 파프리카 가루 ½작은술, 후추 약간

만드는 법

1 연근, 가지, 애호박은 도톰하게 슬라이스하고 양파는 채 썬다.
2 팬에 식용유 1½큰술을 두르고 연근, 가지, 애호박에 소금을 뿌린 뒤 중불에서 앞뒤로 노릇하게 굽는다.
3 분량의 재료를 골고루 섞어 양념을 만든다.
4 다른 팬에 식용유 1½큰술을 두르고 양파를 넣어 중불에서 볶다가 어느 정도 숨이 죽으면 양념을 넣고 1~2분간 더 볶는다.
5 밥에 4의 양파를 올리고 연근, 가지, 애호박을 가지런히 올린다.
6 달걀노른자를 올리고 고명을 뿌린다.

◆ 연근, 가지, 애호박을 구울 때 식용유를 많이 넣으면 채소가 다 빨아들이기 때문에 약간만 두르고 천천히 노릇하게 구워내면 훨씬 담백하다.

새우 덮밥

좋아하는 일도 반복하다 보면 권태가 온다. 요리가 귀찮아서 간편식만 먹다 보니 이제는 하루가 시시해진 기분이다. 기운 차리고 오늘은 밥을 해야지. 새콤하게 볶은 새우가 요 며칠의 기분을 단번에 날려준다. 통통한 새우에 올리브유, 마늘, 레몬즙으로 밑간을 하고, 양념처럼 맛을 내도록 양파와 마늘은 잘게 다져 볶는다. 밑간한 새우를 같이 볶고 간하면 촉촉한 새우볶음이 완성되고 고수까지 곁들이니 이국적이다. 레몬즙은 취향에 맞게 가감하는데, 넉넉히 넣어야 새콤하고 맛있다. 요리가 귀찮게만 느껴지더니, 요리를 하고 나서는 마음이 회복되었다. 너무 행복하지도 너무 불행하지도 않은 고요한 날이 계속되다 보면, 이대로도 충분하다는 마음을 잊기 쉽다. 권태로우면 어때, 이렇게 금세 되찾을 마음인걸. 너무 애쓰지 말자.

재료

밥 150g, 새우 10마리, 양파 ⅓개, 마늘 3쪽, 버터 10g, 피시 소스 2작은술, 청고추 1개, 홍고추 반 개, 올리브유 2큰술, 파슬리 약간, 고명(레몬 1/6조각, 고수, 깨 약간씩)

새우 밑간

다진 마늘 1큰술, 올리브유 2큰술, 레몬즙 1½큰술, 소금 3꼬집, 후추 약간

만드는 법

1 새우는 껍질을 까서 등 쪽 내장을 제거하고 밑간 재료를 넣어 잠시 재워둔다.
2 마늘은 굵게 다지고 양파, 고추, 파슬리는 잘게 다진다.
3 팬에 올리브유를 두르고 양파와 마늘을 넣어 1~2분 정도 중불에서 볶는다.
4 새우와 밑간을 모두 붓고 버터와 피시 소스를 넣어 2~3분 정도 볶는다.
5 청고추, 홍고추, 파슬리를 넣고 마무리한다.
6 밥에 5의 새우를 올리고 고명을 올린다.

◆ 새콤한 맛을 더 원한다면 마지막에 고명으로 올린 레몬즙을 두른다.
◆ 새우는 오래 익히면 질겨질 수 있으니 유의한다.

새우무침 덮밥

큰 크기의 냉동 새우를 샀는데 녹이고 보니 크기가 작다. 튀기거나 국물 요리에 넣으면 더 작아지겠다 싶어서 새우무침 덮밥을 만든다. 새우를 데쳐 간장 양념에 조물조물 무치기로 했다. 처음으로 도전해 약간의 두근거림으로 만든 한 그릇 밥. 데친 새우에 쪽파를 가득 썰어 넣고 참기름을 넉넉히 넣은 고소한 간장 양념을 붓고 가볍게 섞은 뒤 밥에 소복이 올린다. 왜 새우를 볶고 튀길 생각만 했지? 쪽파도 잔뜩 썰어 넣길 잘했다. 자주 사용하는 재료로 만든, 비슷한 듯하지만 다른 매일의 밥상. 평범함에서 찾아내는 귀함으로 나의 식탁과 배는 든든해진다.

재료
밥 150g, 새우 100g(청주 1큰술, 소금 ⅓작은술)

양념
다진 쪽파 2줄기, 간장 1큰술, 참기름 1큰술, 미림 2작은술, 식초 1½작은술, 소금 2꼬집, 깨 약간, 고추냉이 약간, 후추 약간

달걀 스크램블
달걀 1개, 소금 2~3꼬집, 참기름 ⅓작은술, 식용유 1큰술

만드는 법

1 냄비에 물, 청주, 소금을 넣고 끓으면 새우를 넣은 뒤 1분 30초에서 2분 정도 데치고 찬물에 헹군다.
2 양념 재료를 골고루 섞고 데친 새우를 넣어 잘 섞는다.
3 달걀을 풀고 소금, 참기름을 넣어 골고루 섞은 뒤 식용유를 두른 팬에 붓고 중강불에서 1분 안으로 익히며 촉촉하게 달걀 스크램블을 만든다.
4 밥에 3의 달걀 스크램블과 2의 새우를 올린다.

토마토무침 덮밥

예전에는 토마토를 그다지 좋아하지 않았다. 케첩은 좋아하지만 토마토는 설탕을 뿌려서 한 개를 겨우 먹을 정도였다. "토마토가 빨갛게 익으면, 의사 얼굴은 파랗게 된다"라는 유럽 속담이 있다. 그만큼 토마토가 몸에 좋다는 말. 결혼을 하고 나이를 먹으면서 나와 남편의 건강이 각자의 것이 아니라는 걸 깨닫고 먹는 것에 신경 쓰게 되었다. 그래서 토마토를 의무적으로 먹기 시작했다. 맛있게 절인 토마토 마리네이드는 소스 맛으로 먹고, 토마토소스를 만들면서 토마토 파스타의 참맛을 알게 되었다. 이제 토마토는 꾸준히 즐겨 먹는 채소다. 토마토를 밥에 비벼 먹으면 어떨까 싶어 덮밥을 만들었는데, 굉장한 덮밥이 완성되었다. 간장과 참기름이 토마토와 이렇게 잘 어울린다니. 잘게 자른 토마토에 부추를 쫑쫑 썰어 넣고 간장으로 양념해 무친다. 쫄깃한 팽이버섯을 곁들이니 식감까지 좋은 상큼한 한 그릇 밥이 완성된다. 뭐든 정해진 건 없다. 생각을 확장하고 "여기엔 꼭 이 재료가 들어가야 해!"라는 고정관념을 버리는 습관을 잊지 말자.

재료

밥 150g, 토마토 1개, 양파 ¼개, 팽이버섯 1봉지(150g), 부추 15g, 다진 마늘 1작은술, 식용유 1큰술, 고명(고추 약간)

토마토 양념

간장 2½작은술, 참기름 2작은술, 올리고당 2작은술, 식초 1작은술, 깨 약간

팽이버섯 양념

굴소스 2작은술, 참기름 1작은술, 후추 약간

만드는 법

1 토마토와 양파는 작은 큐브 모양으로 자르고 부추도 비슷한 길이로 자른다.

2 토마토와 양파, 부추에 토마토 양념을 넣고 골고루 섞는다.

3 팬에 식용유를 두르고 마늘과 팽이버섯을 넣어 1분 정도 중불에서 익히다가 굴소스를 넣은 뒤 1분 정도 더 볶다가 참기름, 후추로 마무리한다.

4 밥에 3의 팽이버섯을 올리고 2의 토마토를 가득 올린 뒤 고명을 뿌린다.

♦ 토마토는 씨 부분을 제거해야 질척이지 않게 먹을 수 있다.

♦ 부추 대신 쪽파를 가득 썰어 넣어도 된다.

♦ 토마토를 먼저 양념에 절여두고 팽이버섯을 구우면 양념이 배어서 더 맛있다.

매콤 토마토소스 덮밥

어릴 때 케첩에 밥을 비벼 먹었다는 남편의 말이 떠올라 토마토소스 덮밥을 만들었더니 자주 해달라는 말이 돌아왔다. 이 맛에 요리하는 걸까. 토마토소스를 잔뜩 만들어두면 종종 해 먹는 우리 집 별미 덮밥으로 토마토소스만 올려 먹기보다 여러 가지 채소를 넣고 풍성하게 먹는 것이 좋다. 당근과 버섯은 잘게 다지는 것보다 크게 큐브 모양으로 잘라 식감을 살리고 청양고추와 고추장을 넣는 것으로 포인트를 주었다. 참기름을 넣은 부드러운 달걀 스크램블과 토마토소스를 함께 먹으니 웃음이 난다. 남편이 가끔 던지는 힌트로 새로운 요리가 만들어진다. 요리는 나와 너, 서로의 취향과 마음의 접점이 되어주어 주방에 있는 시간이 즐겁다. 며칠 전 잔뜩 만들어둔 토마토소스가 벌써 동이 났다. 조만간 또 한 솥을 끓여야지.

재료

밥 150g, 가지 ½개, 당근 ⅓개, 양송이버섯 3개, 청양고추 2개, 다진 마늘 2작은술, 루꼴라 약간, 토마토소스 200ml (133p 참고), 고추장 2작은술, 올리고당 1작은술, 올리브유 2큰술, 식용유 1큰술, 고명(다진 쪽파, 깨 약간 씩)

달걀 스크램블

달걀 1개, 소금 2~3꼬집, 참기름 ½작은술, 식용유 1큰술

만드는 법

1 당근, 양송이버섯은 작게 깍둑썰기하고 고추는 잘게 다지고 가지는 먹기 좋은 크기로 슬라이스한다.
2 팬에 올리브유를 두르고 마늘과 당근, 양송이버섯을 넣어 2분 정도 중불에서 볶다가 고추를 넣어 1분 정도 더 볶는다.
3 토마토소스를 붓고 고추장과 올리고당을 넣은 뒤 수분이 날아가고 농도가 진해질 때까지 끓인다.
4 소스를 끓이는 동안 팬에 식용유를 두르고 가지를 굽는다.
5 달걀을 풀고 소금, 참기름을 넣어 골고루 섞은 뒤 식용유를 두른 팬에 붓고 달걀 스크램블을 만든다.
6 밥에 토마토소스를 올리고 달걀 스크램블과 루콜라, 구운 가지를 올린 뒤 고명을 뿌린다.

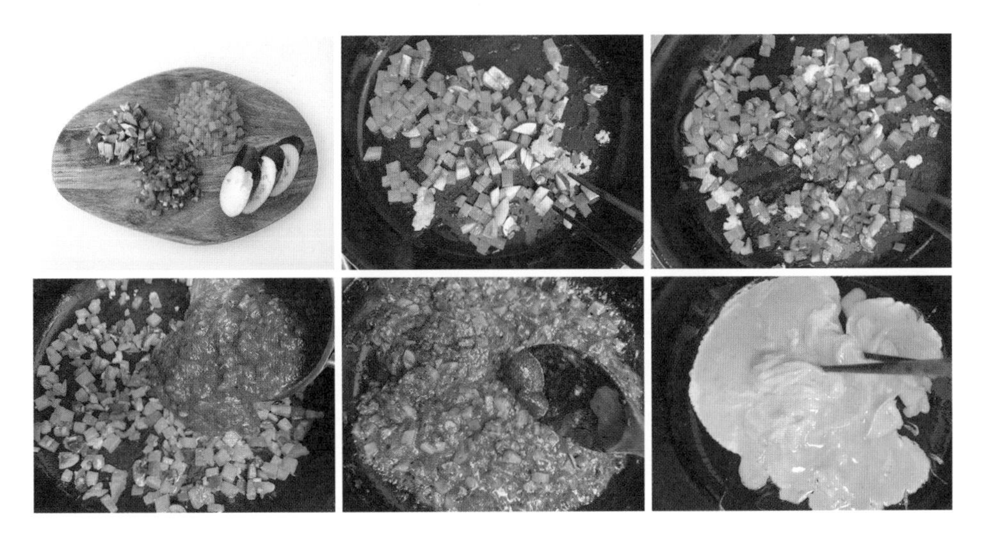

◆ 토마토소스를 만들 때 토마토 캔마다 맛이 다를 수 있으니, 맛을 보고 너무 새콤하면 올리고당이나 설탕을 좀 더 넣어 신맛을 줄인다.

채소튀김 덮밥

튀김은 건강을 생각해 되도록 줄이려고 하지만 아예 안 먹을 수가 없다. 몸에서 기름을 원할 때가 있달까. 그럴 때는 내 방식대로 해 먹어야지. 식용유를 가득 붓고 바삭하게 튀기고 싶지만, 기름이 여기저기 튀는 것과 남는 것을 생각하면 '그냥 먹지 말까' 다시 한번 주저하게 된다. 튀김이 먹고 싶을 때는 빵가루를 입혀서 구워 먹는다. 빵가루 덕분에 튀기지 않아도 바삭한 튀김을 맛볼 수 있다. 채소는 무엇이든 상관없다. 빵가루를 꼼꼼히 입혀 기름을 넉넉히 두르고 구우면 간단한 튀김 완성. 밥에 채소튀김을 푸짐하게 올리고 달콤하고 짭짤한 타래 소스를 뿌리고 고추냉이와 함께 먹으면 별미다. 소스는 생강을 넣어야 향도 좋고 맛도 좋다. 한 달 정도 보관할 수 있으니 넉넉히 만들어서 두루두루 사용하면 좋다. 튀김을 어렵게 생각하지 말자! 요리에 쉽게 접근하는 것도 주방에서 즐거운 시간을 보내는 방법 중 하나다.

재료

밥 150g, 연근 슬라이스한 것 4조각, 줄기콩 5줄기, 만가닥버섯 70g, 가지 1개(작은 것), 고구마 1개, 밀가루 ½컵, 양파 1/6개, 식용유 5큰술, 빵가루 적당량, 고추냉이 적당량, 고명(방울토마토 1개, 다진 쪽파, 깨 약간씩)

타래 소스

양파 ¼개, 마늘 4쪽, 생강 1톨, 다시마 4x5cm 크기 2장, 간장 100g, 맛술 100g, 화이트와인(또는 청주) 50g, 설탕 50g, 대파 약간

밀가루물 반죽

밀가루 5큰술, 물 10큰술(150ml)

타래 소스 만드는 법

1 대파와 양파, 마늘을 마른 팬에 넣고 센 불에서 살짝 그을리게 굽는다.

2 간장, 맛술, 화이트와인을 붓고 생강, 다시마를 넣어 간장이 반 정도 줄어들 때까지 졸인다.

만드는 법

1 연근, 가지, 고구마는 먹기 좋게 슬라이스하고 만가닥버섯은 4~5가닥씩 떼고 양파는 얇게 채 썬다.

2 채소에 밀가루를 가볍게 묻힌다.

3 밀가루와 물을 개어서 밀가루물을 만들어 2의 채소에 묻히고 빵가루를 입힌다.

4 팬에 식용유를 넉넉히 두르고 채소를 넣어 중불에서 튀기듯 노릇하게 굽는다.

5 밥에 타래 소스를 살짝 뿌리고 그 위에 채소 튀김과 양파를 올린다. 고추냉이와 타래 소스를 취향껏 더 뿌리고 고명을 곁들인다.

- ◆ 날밀가루를 먼저 묻혀야 튀김옷이 벗겨지지 않는다. 지퍼백이나 큰 통에 밀가루와 채소를 넣고 흔들면 골고루 간편하게 밀가루가 묻는다.
- ◆ 날밀가루, 밀가루물, 빵가루 순서지만 밀가루물 대신 달걀물을 사용해도 괜찮다.
- ◆ 남은 튀김은 바로 냉동 보관했다가 에어프라이어에서 데워 먹는다.

연어조림 덮밥

타래 소스를 만들면 꼭 연어조림 덮밥을 만든다. 연어, 어묵, 감자, 만두 등 타래 소스만 있으면 달콤하게 조리고 볶아서 한 그릇이 금세 완성된다. 오늘의 점심은 연어 덮밥. 손질해서 냉동실에 얼려둔 연어를 꺼내 노릇하게 굽다가, 며칠 전에 만든 타래 소스를 넣어 윤기 나게 조리기만 하면 되어서 과정도 설거지도 간단하다. 마치 인스턴트 요리를 만든 것 같은 기분. 이런 날도 있어야지. 일식집에서 먹는 기분을 내기 위해 양파를 곁들이고 달걀노른자도 조심조심 올리고 깨도 뿌린다. 나를 위해 정성을 쏟는 일, 참 멋지다!

재료

밥 150g, 연어 200g, 양파 1/6개, 달걀노른자 1개 분량, 식용유 2큰술, 전분가루 3큰술, 푸른 잎 채소 약간, 고명(고추, 깨 약간씩)

양념

타래 소스(만드는 법 81p 참고) 3큰술, 스리라차 소스 2작은술, 참기름 1작은술

만드는 법

1 연어는 먹기 좋은 크기로 자르고 양파는 슬라이스한다.

2 연어에 전분가루를 묻히고 식용유를 두른 팬에 올려 중불에서 노릇하게 굽는다.

3 소스 재료를 섞어서 2에 붓고 촉촉하게 조린다.

4 밥에 3의 연어, 양파, 푸른 잎 채소를 올리고 달걀노른자와 고명으로 마무리한다.

◆ 타래 소스는 기호에 맞게 가감한다.

매콤 배추볶음 두부 덮밥

전날 저녁에 샤부샤부를 해 먹고 배추 몇 장이 남았다. 바로 먹지 않으면 며칠 동안 냉장고에 넣어둘 게 뻔해서 뭐라도 만들기로 했다. 양이 애매해서 두부와 함께 덮밥을 만든다. 두부는 전분을 묻혀 굽고, 배추는 매콤하고 짭조름하게 볶아 함께 먹으니 건강한 한 끼가 완성된다. 두부에 간을 하지 않았지만 배추가 매콤해서 잘 어우러진다. 바삭한 두부와 아삭한 배추가 식감까지 맛있다. 주부가 되고 생긴 버릇 중 하나가 자투리 채소나 반찬을 버리지 못한다는 것이다. 알뜰한 주부가 되어가나 싶어 뿌듯하다.

재료

밥 150g, 알배추 5장, 양파 ¼개, 두부 ½모(150g), 다진 마늘 1½작은술, 파 1줄기, 달걀 1개, 전분가루 3큰술, 식용유 3큰술, 고명(다진 쪽파, 깨 약간씩)

양념

간장 1큰술, 굴소스 1큰술, 고춧가루 1큰술, 참기름 2작은술, 설탕 1작은술, 올리고당 1작은술, 후추 약간

만드는 법

1 알배추는 먹기 좋게 자르고 양파는 채 썰고 파는 작게 자른다.
2 두부는 한입 크기로 깍둑썰기하고 전분가루를 묻힌 뒤 팬에 식용유 2큰술을 두르고 중불에서 노릇하게 굽는다.
3 다른 팬에 식용유 1큰술을 두르고 마늘, 파를 넣은 뒤 향이 나도록 중불에서 볶다가 알배추와 양파를 넣어 1~2분 정도 볶는다.
4 분량의 재료를 골고루 섞어 양념을 만든다.
5 채소에 숨이 살짝 죽으면 양념을 넣어 간이 잘 배도록 볶는다.
6 달걀프라이를 만든다.
7 밥에 두부와 볶은 채소를 올리고 달걀프라이를 올린 뒤 고명을 뿌린다.

고추볶음 새송이버섯 덮밥

요리는 입맛대로, 또 재료가 있는 대로 만드는 재미가 있다. 경상도 출신인 나는 할머니께서 자주 만들어주시던 고추장물이란 반찬을 자주 먹었다. 시골 반찬 같다며 별로 좋아하지 않았지만 지금은 밑반찬으로 자주 만들어두는 단골 메뉴가 되었다. 간단하게 고추볶음만 먹을까 했지만 냉장고 구석에 새송이버섯이 있다. 달걀옷을 입힌 새송이버섯전에 고추볶음을 올려 밥과 함께 먹으니 매운맛도 중화되고 쫄깃함이 잘 어울린다. 고추볶음 덕분에 밥이 술술 넘어간다. 짭짤하게 볶은 고추볶음은 어디든 응용하기 좋다. 소면을 삶아 고추볶음을 올려도 좋고, 달걀밥에도 곁들여도 매콤하고 맛있다. 고추볶음을 많이 만들었을 때 자주 만들어 먹는 몇 가지 응용 메뉴를 함께 소개한다.

재료

밥 150g, 새송이버섯 2개, 달걀 1개, 식용유 1큰술, 고명(다진 쪽파, 깨 약간씩)

고추볶음

청고추 10개(약 100g), 홍고추 2개, 양파 ⅓개, 다진 마늘 2작은술, 국간장 2½큰술, 미림 1큰술, 물 50ml, 식용유 1큰술, 후추 약간

고추볶음 만드는 법

1 고추와 양파는 잘게 다진다.
2 팬에 식용유를 두르고 마늘과 양파를 넣어 중불에서 1~2분 정도 향이 나도록 볶는다.
3 고추를 넣고 잠시 더 볶는다.
4 국간장, 미림, 물을 넣고 중약불에서 국물이 자작해질 때까지 졸인다.

만드는 법

1 새송이버섯을 슬라이스하고 달걀물을 입힌다.
2 식용유를 두른 팬에 새송이버섯을 올리고 중약불에서 노릇하게 굽는다.
3 밥에 새송이버섯전, 고추볶음을 올리고 고명을 올린다.

◆ 맨손으로 고추를 다지지 말고 장갑을 꼭 끼고 다진다.
◆ 고추볶음은 너무 졸이면 퍽퍽해지므로 살짝 물기 있게 졸인다.
◆ 매운 고추를 먹지 못하면 맵지 않은 꽈리고추나 아삭이고추로 대체한다.

고추볶음 파스타

재료

스파게티 90g, 고추볶음 4큰술, 마늘 4쪽, 참기름 2작은술, 달걀노른자 1개 분량, 소금 1꼬집, 올리브유 4큰술, 후추 약간, 고명(깨 약간)

만드는 법

1 팬에 올리브유를 두르고 편으로 썬 마늘을 넣어 천천히 향이 나도록 중약불에서 볶다가 고추볶음을 넣고 1~2분 정도 더 볶는다.

2 포장지의 설명서대로 스파게티를 삶고 1의 팬에 넣은 뒤 면수 1국자를 넣고 잘 유화되도록 섞는다.

3 소금과 후추를 잔뜩 갈아 넣고 참기름을 뿌린 뒤 그릇에 담아 달걀노른자를 올리고 고명을 뿌린다.

♦ 맛을 보고 간이 부족하면 고추볶음을 추가해도 좋고 소금을 넣어도 좋다.

고추볶음 김밥

재료

밥 1공기(200g), 김 2장, 참기름 약간, 고명(깨 약간)

밥 양념

고추볶음 5큰술, 참기름 2작은술, 소금 1꼬집, 깨 약간

달걀말이

달걀 2개, 소금 ¼작은술, 식용유 1큰술

만드는 법

1 달걀에 소금을 넣고 곱게 푼 뒤 식용유를 두른 팬에 달걀물을 얇게 펴면서 붓는다.
2 달걀을 돌돌 말고 달걀물을 더 부어가며 달걀말이를 만든 뒤 반으로 자른다.
3 밥에 분량의 밥 양념 재료를 넣고 골고루 섞는다.
4 김에 양념한 밥을 펼치고 달걀을 올린 뒤 돌돌 말고 참기름을 발라 자른 다음 고명을 뿌린다.

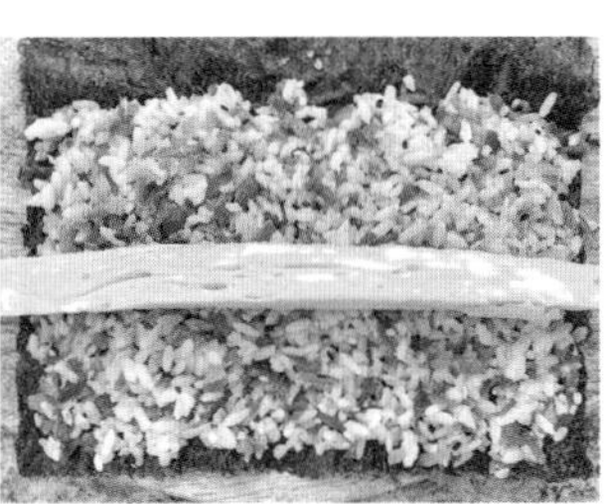

가지 새송이버섯 된장소스 덮밥

요즘 가지가 참 맛나다. 기름과 만난 가지는 더 맛이 좋다. 가지와 새송이버섯을 비슷한 크기로 썰어 전분가루를 묻히고 구운 뒤 감칠맛 나는 된장소스에 볶아 덮밥을 만들었다. 가지는 부드럽고 새송이버섯은 쫄깃해서 하나씩 번갈아 먹으니 금세 한 그릇이 뚝딱이다. 한 그릇 밥을 만들면 유독 좋아하는 남편은 오늘도 밥 한 톨 남기지 않고 싹싹 먹었다. 남편은 항상 반찬 하나에 국 하나면 충분하다고 말한다. 결혼 초, 긴 비행을 하고 온 남편이 안쓰러워 이것저것 많이 만들었더니 너무 맛있고 좋은데 자기는 반찬 한두 개면 충분하다고, 더운 날 주방에서 오래 있지 말라며, 준비한 내가 섭섭하지 않도록 다정한 말을 건넸다. 반찬의 개수와 사랑의 크기가 비례하는 게 아닌데도 자꾸만 욕심을 냈다. 그러다 보니 음식물 쓰레기도 늘고 나도 지친다. 요리를 계속 하다 보니 어느새 나만의 요리 스타일이 자리 잡히고, 식사를 준비하는 시간이 줄었다. 즐거운 마음으로 오랫동안 요리하려면 식단도, 주방에서 보내는 시간도 다이어트가 필요하다.

재료

밥 150g, 가지 1개, 새송이버섯 2개 (중간 크기), 달걀노른자 1개 분량, 전분가루 2큰술, 식용유 2큰술, 고명 (다진 쪽파, 깨 약간씩)

양념

다진 매운 고추 1개 분량, 미림 1큰술, 간장 2작은술, 된장 1½작은술, 올리고당 1작은술, 물 1큰술, 다진 마늘 1작은술, 전분가루 1작은술, 참기름 1작은술

만드는 법

1 가지와 새송이버섯은 먹기 좋은 크기로 자르고 새송이버섯에 칼집을 낸다.
2 분량의 재료를 골고루 섞어 양념을 만든다.
3 가지는 전분가루를 골고루 묻히고 새송이버섯과 함께 식용유를 두른 팬에 넣어 중불에서 노릇하게 굽는다.
4 기름이 많으면 살짝 닦고 양념을 넣은 뒤 골고루 섞어가며 가볍게 조린다.
5 밥에 가지, 새송이버섯을 올리고 달걀노른자를 올린 뒤 고명을 뿌린다.

◆ 물기가 없을 때까지 조리면 밥에 올렸을 때 윤기가 나지 않으므로 살짝 촉촉할 때 불을 끈다.

두부 애호박조림 덮밥

비슷한 장보기 목록과 새롭지 않은 냉장고 속 재료로 똑같은 음식만 먹는 것 같아 지겨울 때가 있다. 그동안 뭘 먹었나 싶어 사진첩을 들여다보았더니 다른 요리와 일상이 펼쳐진다. 뭐야 꽤 잘 먹고 지냈잖아? 오늘이 어제 같고 화요일이 월요일 같던 일상이었는데, 모두 다르다. 애호박을 평소처럼 볶으려다가 두부와 함께 지지기로 했다. 평소보다 고춧가루를 적게 넣고, 늘 넣던 간장 대신 피시 소스로 짭짤하게 간을 맞췄다. 국물도 살짝 남겨 밥과 함께 먹어야지. 부드럽게 조린 애호박과 두부는 아는 맛 같지만 또 다르다. 뭐든 같은 건 없다.

재료
밥 150g, 두부 ½모(150g), 애호박 ⅓개, 들기름 1½큰술, 물 200ml, 고명(푸른 잎 채소, 다진 쪽파, 깨 약간씩)

양념
피시 소스(액젓) 1큰술, 다진 마늘 1작은술, 고춧가루 1작은술, 설탕 ½작은술, 후추 약간

만드는 법

1 두부와 애호박은 작은 큐브 모양으로 자른다.
2 팬에 들기름을 두르고 두부와 애호박을 넣어 중강불에서 1분 정도 살짝 볶는다.
3 물을 붓고 양념 재료를 모두 넣은 뒤 국물이 자작해질 때까지 중불에서 조린다.
4 촉촉하게 조린 두부와 애호박을 밥에 올리고 고명을 곁들인다.

◆ 국물이 적당하게 있어야 촉촉하게 밥과 비벼 먹기 좋다.
◆ 피시 소스나 액젓은 제품마다 염도가 다르기 때문에 맛을 보면서 가감한다.

두부가스 덮밥

돈가스와 두부를 좋아해서 두부로 돈가스를 흉내 내보았는데, 나만의 비법이 있다. 엄마는 돈가스를 만들 때 마늘과 간장으로 밑간을 했고 나도 자연스럽게 그 방법을 익혔다. 두부에 응용하니 정말 돈가스 맛이 난다. 밀가루, 달걀, 빵가루 순으로 옷을 입혀 튀기듯 노릇하게 구워내면 고소한 두부가스가 완성된다. 깔끔하게 먹기 위해 양배추도 채 썰어서 곁들인다. 시판 돈가스소스를 뿌려 먹어도 좋지만, 간단하게 소스를 만드니 더 특별한 한 끼가 된다. 밥을 먹고 정리를 하려고 보니 빵가루와 밀가루로 엉망이다. 싱크대를 닦으며 평생 요리를 만든 엄마를 떠올린다. 당연한 건 어디에도 없는데 엄마의 요리를 당연하게 여겼다. 또 그 요리는 언제나 맛있었고. 이제는 그 생각이 얼마나 철없는 생각인지 알겠다. 맛있는 요리의 조건은 따로 있는 게 아니라 만드는 사람의 애정을 바탕으로 하는 게 아닐까. 엄마의 방식대로 두부가스를 만들었다고 고마운 마음을 담아 문자를 보내야겠다.

재료
밥 150g, 두부 ½모(150g), 양배추 50g, 달걀 1개, 빵가루 1컵, 밀가루 3큰술, 식용유 6큰술, 고명(다진 쪽파 약간)

두부 밑간
간장 1큰술, 다진 마늘 1작은술, 후추 약간

소스
간장 2큰술, 우스터 소스 2큰술, 올리고당 2큰술, 케첩 2작은술, 미림 2큰술

만드는 법

1 두부는 1cm 정도 두께로 슬라이스하고 양배추는 채 썰고 달걀은 푼다.
2 두부 밑간 재료를 잘 섞고 두부에 앞뒤로 바른다.
3 밑간한 두부에 밀가루, 달걀물, 빵가루를 순서대로 묻힌다.
4 팬에 식용유를 두르고 두부를 넣어 갈색이 나도록 중불에서 노릇하게 굽는다.
5 분량의 소스 재료를 냄비에 넣고 끓기 시작하면 1분 정도 지나 불을 끈다.
6 밥에 양배추와 두부가스를 올리고 소스를 넉넉히 뿌린 뒤 고명을 뿌린다.

◆ 묽게 뿌려 먹는 소스라서 오래 졸이지 않는다.

두부 마늘종 덮밥

오랜만에 마늘종을 사서 부지런히 먹고는 남은 몇 줄기로 두부와 함께 한 그릇 밥을 만들었다. 두부와 연근은 바싹 구워야 식감이 좋고 마늘종은 덜 익었나 싶을 만큼만 볶아야 흐물거리지 않는다. 간장 양념으로 두부를 코팅하니 간장치킨 맛이 난다. 밥을 조금만 담아도 두부의 부드러운 포만감에 부담스럽지 않은 한 끼가 완성된다. 요리를 만들며 나만의 방식을 알게 된다. 조금 남은 채소라도 훌륭한 한 끼가 되기에 충분하다는 걸 알게 되었고, 반찬의 개수는 그다지 중요하지 않다는 것을 알게 되었다. 냉장고에 넣어둔 차가운 반찬에는 좀처럼 손이 가지 않아 그때그때 만들어 먹는 편인데, 따뜻한 메인 반찬 한두 개만으로도 단출하지만 풍족한 식탁이 차려진다는 것과 심혈을 기울여 만든 한 가지 반찬은 덮밥으로 만들면 또 다른 메뉴가 탄생한다는 것을 알게 되었다. 불필요하게 많이 먹고 사는 것 같은 요즘, 과하지 않은 식사를 하려고 노력 중이다. 오늘도 잘 먹었습니다.

재료

밥 150g, 두부 ½모(150g), 마늘종 3줄기, 연근 70g, 전분가루 3큰술, 달걀 1개, 식용유 3큰술, 고명(다진 쪽파, 깨 약간씩)

양념

물 2큰술, 간장 1½큰술, 올리고당 1큰술, 굴소스 2작은술, 식초 2작은술, 설탕 1작은술, 매운 홍고추 약간

만드는 법

1 두부는 한입 크기로 깍둑썰고 마늘종은 4~5cm 길이로 자르고 연근은 슬라이스한다.
2 분량의 재료를 골고루 섞어 양념을 만든다.
3 두부와 연근에 전분가루를 묻히고 팬에 식용유 2큰술을 두른 뒤 두부와 연근을 넣어 노릇하게 굽는다.
4 다른 팬에 식용유 1큰술을 두르고 마늘종을 넣어 1분 정도 볶다가 3의 두부와 연근을 전부 넣는다.
5 양념을 모두 넣고 간이 배도록 중불에서 1분 정도 볶는다.
6 달걀프라이를 만든다.
7 밥에 두부, 연근, 마늘종을 올리고 달걀프라이를 곁들인 뒤 고명을 뿌린다.

◆ 마늘종은 너무 오래 익히면 물러지므로 아삭아삭한 식감을 위해 오래 볶지 않는다.
◆ 양념에 단맛을 추가해 닭을 튀겨서 버무리면 간장치킨 맛이 난다.

오코노미야키 덮밥

기본적으로 밥을 먹어야 식사를 한 것 같다. 밥이 없으면 그냥 간식 같으니 지독한 탄수화물 사랑이다. 양배추로 만든 오코노미야키는 술을 즐겨 마셨다면 시원하게 맥주와 함께 먹었을 텐데 아쉽게도 그 맛을 잘 모른다. 귀엽게 만든 오코노미야키를 밥에 올려 먹기로 했다. 도톰하게 구워서 소스를 넉넉하게 뿌리니 밥과도 잘 어울린다. 가쓰오부시가 없어서 반죽에 쯔유를 넣으니 감칠맛이 더해진다. 문어 대신 새우를 잔뜩 넣고 가공육은 가급적 먹지 않으려고 노력 중이라 베이컨은 생략했다. 없는 재료가 많지만 없으면 없는 대로 다른 아이디어를 내 요리를 완성하면 뿌듯함이 배가 된다. 오코노미야키는 양배추가 주인공인걸. 주방에서의 반짝이는 노력으로 나의 식탁은 오늘도 밝게 빛난다.

재료

밥 150g, 쪽파 2줄기, 돈가스소스 1큰술, 식용유 2큰술, 마요네즈 약간, 고명(깨 약간)

반죽

양배추 100g, 칵테일새우 10마리(취향에 따라 가감 가능), 밀가루 3큰술, 쯔유 2작은술, 달걀 1개, 후추 약간

만드는 법

1 양배추는 채 썰고 새우는 2~3등분하고 쪽파는 다진다.
2 반죽 재료를 볼에 모두 넣고 잘 섞는다.
3 팬에 식용유를 두르고 반죽을 손바닥 크기로 작고 도톰하게 올린 뒤 속까지 익도록 중약불에서 천천히 노릇하게 굽는다.
4 밥에 3을 올리고 돈가스소스를 넉넉히 바른 뒤 마요네즈를 뿌리고 쪽파와 깨를 올린다.

- ◆ 보통은 가쓰오부시를 올리지만 반죽에 쯔유를 넣어도 비슷한 향을 느낄 수 있다.
- ◆ 달걀이 들어간 반죽을 도톰하게 굽기 때문에 센 불에서 구우면 겉면만 익으니 중약불에서 천천히 굽는다.

버섯 볶음밥

이것저것 요리할 계획으로 버섯을 잔뜩 샀지만 결국 애매하게 남고 말았다. 그럴 때는 볶음밥을 만드는 게 제일 좋다. 명절에 남은 나물에 국간장을 넣고 나물밥을 해 먹던 걸 떠올리며 버섯밥과 볶음밥의 중간쯤 되는 버섯 볶음밥을 만들었다. 먹다 보면 두 그릇은 거뜬하게 먹는 맛있는 볶음밥이다. 왜 볶음밥과 카레는 평소보다 더 많이 먹게 되는 걸까. 버섯을 볶다가 청경채도 넣고 국간장으로 간한 뒤 볶아서 한국식 볶음밥을 완성했다. 달걀노른자를 터뜨리고 크게 떠서 맛보니 버섯 향이 기가 막힌다. 마치 가을을 입에 넣는 기분이다. 또 냉장고에 뭐가 있더라. 장보기와 냉장고 비우기를 반복하는 중이다. 장을 보는 순간부터 냉장고를 부지런히 비워내야 한다. 어쩌다 보니 365일 내내 냉장고 털기 중이다.

재료(2인분)

밥 300g, 표고버섯 3개, 새송이버섯 1개(큰 것), 팽이버섯 100g, 청경채 1포기, 식용유 2큰술, 들기름 1큰술, 참기름 1큰술, 달걀 1개, 참깨 1큰술, 고명(다진 쪽파, 깨 약간씩)

양념장

다진 청홍고추 1개씩, 다진 부추 15g, 국간장 1큰술, 다진 마늘 2작은술

만드는 법

1 버섯과 청경채는 먹기 좋은 크기로 자른다.
2 분량의 재료를 골고루 섞어 양념장을 만든다.
3 들기름과 식용유를 팬에 두르고 버섯을 먼저 넣어 2분 정도 중불에서 볶다가 청경채를 넣고 1분 내로 살짝 볶는다.
4 밥과 양념장을 넣고 고슬고슬하게 볶은 뒤 참기름, 참깨로 마무리한다.
5 버섯 볶음밥에 달걀프라이를 곁들이고 고명을 뿌린다.

◆ 국간장은 집마다 염도가 다르니 밥에 양념장을 넣을 때 맛을 보며 볶는다.

두부 양배추 들깨 볶음밥

10년 가까이 몸무게에 큰 변동이 없었는데, 결혼하고 몸무게 앞자리가 바뀌었다. 뭔가 잘못됐다. 먹는 걸 줄이자니 괜히 서러운 마음이 든다. 하지만 건강하게 몸을 돌보는 것이 나를 위해 가장 중요하다. 먼저 기름진 고기와 쌀의 양을 줄이기로 했다. 갑자기 먹는 양을 줄이면 곤란하기 때문에 두부를 적극적으로 활용한다. 두부는 포만감이 있어 자연스럽게 탄수화물의 양을 줄일 수 있다. 거기에 채소를 더해본다. 두부를 굽고 양배추와 밥을 넣어 볶는다. 냉동실에 얼려둔 밥 한 공기를 넣으니 양이 두 배로 늘어났다. 바싹 구워 쫄깃한 두부와 아삭한 양배추 덕분에 식감도 좋고, 은은하게 매운맛이 느껴져 고추도 넣길 잘했다 싶다. 마지막에 들깻가루를 뿌리니 구수한 맛이 특별하다. 햄이나 참치가 없어도 이것만으로 훌륭하다. 살짝 부족한 듯하지만 그럴싸하게 맛을 내는 음식들 덕분에 뭐라도 해볼 수 있는 힘이 길러진다. 요리는 이렇게나 멋지다.

재료

밥 150g, 두부 ½모(150g), 양배추 80g, 파 1줄기, 마늘 3쪽, 매운 고추 2개, 달걀 1개, 식용유 3큰술, 고명(다진 쪽파, 깨 약간씩)

양념

들깻가루 1큰술, 간장 2작은술, 굴소스 2작은술, 참기름(또는 들기름) 2작은술, 후추 약간

만드는 법

1 두부와 양배추는 먹기 좋은 크기로 자르고 마늘은 큼직하게 다지고 파와 고추는 쫑쫑 썬다.
2 팬에 식용유 2큰술을 두르고 두부를 넣어 겉면이 단단해지도록 중강불에서 바싹 굽는다.
3 다른 팬에 식용유 1큰술을 두르고 파와 마늘, 고추를 넣고 중불에서 향이 나도록 볶는다.
4 양배추를 넣고 1~2분 정도 더 볶는다.
5 양배추에 숨이 살짝 죽으면 밥을 넣고 간장과 굴소스로 간한 뒤 골고루 볶는다.
6 2의 두부를 넣고 들깻가루와 참기름, 후추를 넣은 뒤 한 번 더 볶는다.
7 달걀프라이를 만들어 볶음밥에 올린 뒤 고명으로 마무리한다.

◆ 두부는 모든 면이 진한 갈색이 돌도록 바싹 굽고 두부를 넣고 볶을 때는 꾹꾹 누르지 말고 가볍게 섞는다는 느낌으로 볶아야 두부가 으스러지지 않는다.

채소 유부 솥밥

보통은 한꺼번에 밥을 하고 뜨거울 때 소분해 냉동실에 보관한다. 갓 지은 밥과는 비교가 되지 않지만 끼니 때마다 밥을 짓는 건 너무 비효율적이다. 갓 지은 윤기 나는 밥을 먹고 싶을 때나 반찬을 만들기 귀찮을 때는 양념장만 넣어도 맛있는 솥밥을 만든다. 오늘은 버섯과 연근, 유부가 주인공이다. 밥물에 밑간을 하고 갖가지 채소를 가지런히 올린다. 김이 모락모락 나는 타이밍을 놓칠세라 가스레인지 주위를 떠나지 못한다. 뜸을 들일 때는 맛있어져라 주문도 걸어본다. 뚜껑을 열면 뜨거운 김과 함께 그 자리에 얌전히 있는 재료가 수분을 머금어 반짝인다. 쪽파와 깨를 가득 뿌리고 밥을 가볍게 섞은 뒤 양념장에 비벼 먹으면 반찬이 필요 없다. 청소에 빨래까지 하고 먹는 점심이라 밥을 가득 담아 먹는다. 밥심(力)이 필요하다. 요리를 하면서 알게 된다. 억지로 만든 음식은 어쩐지 맛이 없다. 관심과 정성을 함께 담아야 맛도, 보기에도 좋다. 어쩌면 밥심은 밥심(心)일 수도 있겠다.

재료

쌀 1컵(200ml), 유부 4장, 당근 ⅓개, 양송이버섯 3개, 마늘 8쪽, 연근 60g, 다진 쪽파 2줄기 분량, 고명(깨 약간)

밥물 밑간

쯔유 2큰술, 미림 1큰술

양념장

다진 대파 1줄기 분량(또는 쪽파 6줄기 분량), 다진 고추 1개 분량, 진간장 4큰술, 참기름 1큰술, 깨 2작은술, 고춧가루 1작은술

만드는 법

1 쌀을 씻고 30분 정도 불린다.
2 유부는 먹기 좋게 사각형으로 자르고 당근은 채 썬 뒤 양송이버섯, 연근은 슬라이스한다.
3 불린 쌀에 물 1컵과 밑간 재료를 붓는다.
4 유부, 당근, 양송이버섯, 연근, 마늘을 올리고 센불에서 8분(냄비에서 김이 모락모락 나기 시작), 약불로 낮춰 12분 정도 끓인 뒤 5분 정도 뜸을 들인다.
5 밥에 쪽파와 깨를 가득 올리고 골고루 섞는다.
6 양념장 재료를 골고루 섞어서 솥밥에 곁들인다.

◆ 동일한 계량컵으로 쌀 양과 물 양을 똑같이 넣으면 알맞게 밥이 익는다.

채소구이 토마토 카레

남은 카레를 다음 날 먹었다가 고기 냄새 때문에 억지로 먹었던 적이 있다. 원래 카레는 하루 지나서 먹으면 더 맛있는데 말이다. 그래서 고기를 빼고 채소만 넣었더니 감칠맛이 나고 깔끔해서 이제는 카레나 짜장을 만들 때 채소만 넣는다. 어릴 때 자주 먹던 엄마표 카레는 갖가지 채소와 고기를 큼지막하게 썰어 넣고 푸짐하게 한소끔 끓여서 카레는 무조건 그렇게 만드는 줄 알았다. 다양한 음식을 경험하면서 알게 된 내 카레 취향은 건더기가 별로 없는 말간 카레에 토핑을 다양하게 올려 먹는 것이다. 물론 엄마표 카레도 가끔 해 먹는다. 무던한 남편은 카레 향이 강해서 뭘 넣어도 비슷하다고 하지만, 내가 해주는 카레는 먹는 재미가 있다고 한다. 다양하게 채소를 구워서 카레에 찍어 먹는 걸 좋아하는데 그중 가지와 연근을 가장 좋아한다. 양파와 사과를 갈색이 돌 때까지 천천히 볶다가 토마토를 넣고 한 번 더 볶은 뒤 물을 넣고 곱게 간 다음 고형 카레를 넣고 뭉근하게 끓이면 완성이다. 토마토를 썰어 넣어 약간의 산미를 더하면 감칠맛이 올라가고, 사과의 단맛으로 부드러워진 카레에 여러 가지 토핑을 함께 담아내면 제법 그럴싸하다. 언제 먹어도 질리지 않고 뭘 넣어도 어울리는 카레는 메뉴 선택이 어려운 날 제일 먼저 떠오르는 우리 집 단골 메뉴다.

재료

밥 150g, 연근 50g, 가지 ½개, 방울토마토 4개, 삶은 달걀 ¼개(취향껏), 식용유 1큰술, 고명(다진 쪽파, 깨 약간씩)

토마토 카레

고형 카레 3조각(80g), 양파 1½개(큰 것), 토마토 1개, 사과 ½개, 물 700ml, 다진 마늘 1큰술, 식용유 2큰술

만드는 법

1 양파와 토마토, 사과를 작은 큐브 모양으로 자르고 연근과 가지는 슬라이스한다.
2 냄비에 식용유를 두르고 마늘과 양파, 사과를 넣은 뒤 중약불에서 천천히 볶는다.
3 갈색이 날 때까지 볶다가 토마토를 넣고 2~3분 정도 더 볶는다.
4 물 600ml를 넣고 핸드블랜더나 믹서기로 곱게 간다.
5 고형 카레를 넣고 잘 푼 뒤 물 100ml를 추가하고 중간중간 저어가며 15분 정도 중불에서 뭉근하게 끓인다.
6 팬에 식용유를 두르고 채소를 노릇하게 구운 뒤 달걀을 삶는다.
7 밥에 카레를 올리고 구운 채소, 삶은 달걀, 고명으로 마무리한다.

♦ 이 레시피는 s&b 매운맛 고형 카레를 사용했다.
♦ 양파를 적당히 볶다가 카레를 넣어도 되지만 갈색이 날 때까지 볶으면 단맛이 나 더 맛있다.
♦ 양파와 토마토는 갈지 않아도 된다.

Product of Italy
KOITA
ORGANIC
COCONUT

토마토 김치와 배추 나물국

토마토를 많이 먹기로 결심하고는 여기저기 활용하는 재미가 있다. 토마토로도 김치를 만든다는 걸 알게 된 후, 맛없는 토마토가 당첨되면 겉절이 양념으로 매콤하게 버무리는데 의외로 별미다. 액젓과 마늘, 갖가지 양념, 그리고 부추와 양파를 넣고 가볍게 무치면 무척 맛있다. 반찬 하나 만들었으니 국도 끓여야지. 국물 없이는 밥이 잘 안 넘어가서 국, 찌개류는 꼭 만드는데 자주 끓이는 국 중 하나가 배추 나물국이다. 살짝 데친 배추를 양념과 들깨로 조물조물 무치고 끓인 덕분에 국물이 더 진하다. 토마토 김치와 푹 끓인 나물국으로 단출해 보여도 건강한 한 끼의 충분함을 즐겨본다. 타국에 와서 크게 아픈 곳 없이 무탈하게 지낼 수 있었던 건 분명 열심히 만든 식사 덕분일 거야. 손수 지은 따뜻한 밥이 주는 힘은 분명히 있다. 가끔은 헛헛한 마음의 빈칸을 요리가 채워주기도 한다. 밥을 정성껏 짓고 나눠 먹는 일, 하루 동안 흩어져 있던 나를 다시 모으고 식(食)의 즐거움을 공유한다.

토마토 김치

방울토마토 15개, 양파 1/6개, 부추 약간, 고명(깨 약간)

토마토 김치 양념

액젓(또는 피시 소스) 2작은술, 올리고당 2작은술, 고춧가루 1½작은술, 다진 마늘 ½작은술, 참기름 1작은술, 깨 약간

배추 나물국

얼갈이배추 300g, 배추 3장, 표고버섯 2개, 대파 1줄기, 국간장 2큰술, 채수(또는 멸치육수나 물) 1L, 매운 고추 약간

배추 밑간

들깻가루 3큰술, 된장 2큰술, 다진 마늘 1½큰술, 고춧가루 1큰술

토마토 김치 만드는 법

1 방울토마토는 반으로 자르고 양파는 얇게 슬라이스하고 부추는 비슷한 길이로 자른다.
2 토마토 김치 양념과 손질한 토마토, 양파, 부추를 한데 넣고 잘 버무린 뒤 고명을 뿌린다.

♦ 방울토마토에 단맛이 있어 설탕을 넣지 않았지만 일반 토마토로 만들 경우 단맛이 부족하다 싶으면 설탕을 조금 넣는다.

배추 나물국 만드는 법

1 표고버섯과 대파, 고추는 먹기 좋은 크기로 자른다.
2 얼갈이배추와 배추를 끓는 물에 넣어 1분 내로 데치고 찬물에 헹궈 식힌 뒤 물기를 짠다.
3 배추를 먹기 좋은 크기로 자르고 볼에 넣은 뒤 밑간 양념을 넣고 조물조물 무친다.

4 냄비에 밑간한 배추를 넣고 채수를 부어 한소끔 끓인다.

5 표고버섯을 넣고 국간장으로 간한 뒤 보글보글 끓인다.

6 대파와 고추를 넣고 한소끔 끓인다.

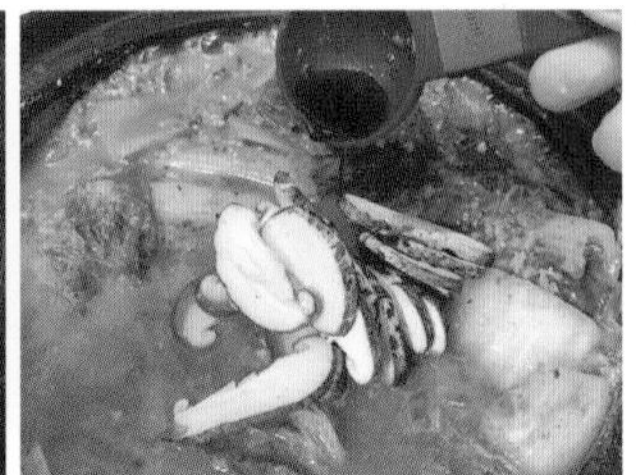

♦ 채수 만드는 법은 155p를 참고한다.

Happiness is Homemade

간장 양념 덮밥

곰곰이 생각해 보면 나는 밥에 관한 안부를 자주 건넨다. 아마 그건 나에게 묻고 싶었던 게 아니었을까. 밥은 잘 챙겨 먹는지, 잘 지내고 있는지. 자취를 할 때는 거의 밥을 사 먹었고, 어쩌다 가끔 해 먹는 요리는 그저 생존 요리였다. 체력이든 시간이든 여유가 없다는 말은 지금 생각하면 다 핑계였다. 그냥 나를 돌볼 생각이 없었던 거다. 요리를 시작하며 나를 위한 요리도 하게 되었고, 이제는 혼자서도 요리를 즐길 줄 안다. 나를 위할 줄 알면 남을 위할 줄도 알게 되더라. 요리를 할수록 괜찮은 내가 된다.

남편이 출근하고 혼자 먹는 점심. 혼자 먹는 밥도 잘 차려 먹으려고 하는데, 아무래도 혼자 먹으니 간단하고 쉽게 만든다. 어디든 잘 어울리는 간장 양념장을 곁들인 한 그릇 밥은 응용하기 나름이라 냉장고 속 재료를 정리하기에도 좋다. 파 대신, 부추, 깻잎, 양파, 달래 등을 다져서 넣어도 된다. 양배추쌈을 먹을 때 쌈장을 곁들여도 좋지만 간장 양념장을 조금씩 얹어 밥과 함께 싸 먹어도 꿀맛이다. 혼자일수록 더 든든하게 챙겨 먹자!

간장 양념장

다진 쪽파 6줄기 분량(또는 다진 대파 1줄기 분량), 다진 고추 1개 분량, 간장 4큰술, 참기름 1큰술, 깨 2작은술, 고춧가루 1작은술(생략 가능)

만드는 법

1 분량의 재료를 골고루 섞어 간장 양념장을 만든다.

두부 버섯구이 덮밥

밥과 두부가 만나면 포만감이 배가된다. 두부 버섯구이 덮밥은 아침에 몸무게를 재고 신경이 쓰일 때 해 먹는 한 그릇 밥이다. 밥 양을 줄인 만큼 두부를 넣고, 쫄깃한 버섯을 구워 양념장과 함께 비벼 먹으면 가볍고 맛도 좋은 한 끼가 된다. 버섯 대신 여러 가지 채소를 응용해도 되는데, 살짝 볶은 양배추나 데친 숙주 모두 잘 어울린다. 어떤 재료를 곁들이냐에 따라 다른 두부 덮밥이 만들어지기 때문에 자주 해 먹는 메뉴다. 탄수화물을 조금 줄이는 것만으로도 몸이 가볍게 느껴진다. 두부와 버섯을 구워 간장에 쓱쓱 비벼 먹었을 뿐인데 건강하게 참 잘 먹었다 싶다. 어쩌면 나의 하루하루를 지탱하는 힘은 작고 소소한 것인지도 모르겠다.

재료

밥 150g, 두부 ½모(150g), 만가닥버섯 80g, 부추 30g, 전분가루 3큰술, 참기름 2작은술, 식용유 2큰술, 간장 양념장 적당량, 고명(홍고추 약간)

만드는 법

1 두부는 큐브 모양으로 자르고 전분가루를 살짝 묻힌다.
2 팬에 식용유를 두르고 두부를 넣어 모든 면을 중불에서 노릇하게 굽는다.
3 다른 팬에 참기름 두르고 만가닥버섯을 넣어 1~2분 정도 중강불에서 굽는다.
4 3의 팬에 식용유를 더 넣지 말고 부추를 넣어 1분 내로 살짝 숨이 죽을 때까지 볶는다.
5 밥에 두부, 만가닥버섯, 부추를 올리고 간장 양념장을 곁들인 뒤 고명을 올린다.

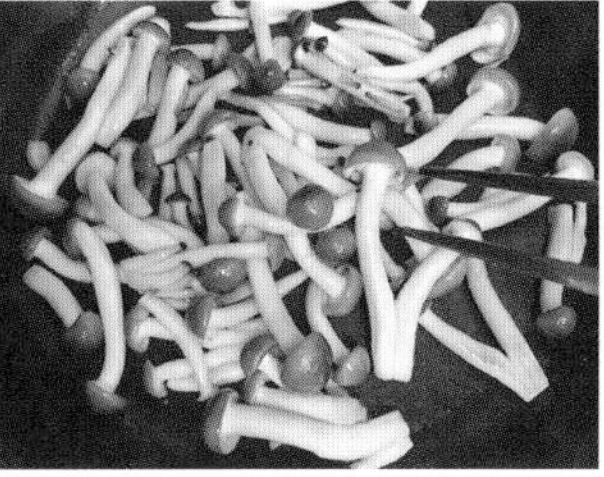

◆ 버섯은 원하는 종류의 버섯 모두 사용 가능하다.

팽이버섯전 덮밥

날은 후덥지근하고 밥 먹을 시간은 또 찾아온다. 대충 먹을지, 뭐라도 만들어 먹을지, 혼자 먹는 점심이라 한참을 고민한다. 냉장고에는 팽이버섯이 여러 봉지 있고 간장 양념장도 있으니 간단히 달걀물을 입혀 팽이버섯전을 만들어야지, 채소도 썰어 넣고. 금방 익는 재료로 노릇노릇 쫄깃하게 구워낸 간단한 한 그릇을 만들고 보니 또 그럴듯하다. 샐러드용으로 씻어놓은 루콜라가 있어 곁들이니 더욱 풍성하다. 더운 날에는 맛도 맛이지만 금방 만들겠다 싶어야 불 앞에 설 마음의 여유가 생긴다. 즐겁게 해야 하는 많은 것 중 하나가 요리이지 않을까. 어차피 해야 하니 즐겁게 만들자! 살뜰한 마음이 함께 했던 오늘의 점심이다.

재료

밥 150g, 달걀 1개, 팽이버섯 1봉지(150g), 고추 1개, 소금 1꼬집, 식용유 1½큰술, 당근 약간, 루콜라 약간, 간장 양념장 적당량, 고명(다진 쪽파, 깨 약간씩)

만드는 법

1 팽이버섯은 밑동을 자르고 당근과 고추는 채 썬다.
2 달걀을 풀고 소금을 넣어 달걀물을 만든 뒤 팽이버섯, 당근, 고추에 달걀물을 입힌다.
3 팬에 식용유를 두르고 2를 옆으로 펼치듯 모양을 잡아서 올린 뒤 중약불에서 천천히 굽는다.
4 밥에 루콜라를 올리고 팽이버섯전을 올린 뒤 간장 양념장을 곁들인다.

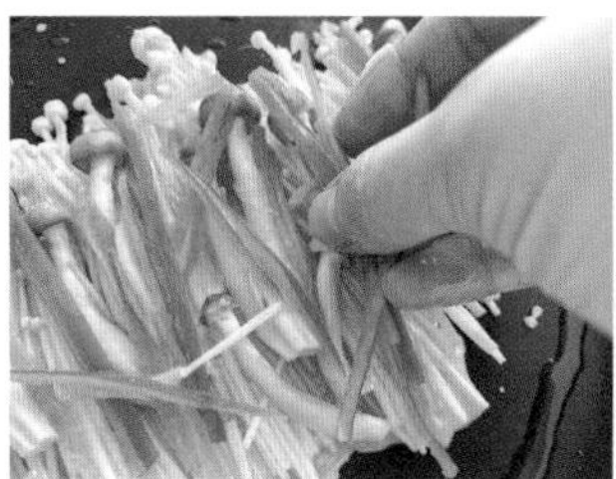

◆ 당근, 고추 대신 다른 자투리 채소를 넣어도 좋다.
◆ 달걀이 부족해 보이지만 굽다 보면 모양이 잘 잡히고 잘 익는다.
◆ 센 불에서 구우면 겉면만 금방 익어버리니 중약불에서 굽고, 노릇하게 익은 다음 뒤집어야 쉽게 부서지지 않는다.
◆ 뒤집을 때 전이 갈라져도 밥 위에 겹쳐 올리니, 괜찮다.

참치전 덮밥

참치 캔은 비상용 재료로 늘 몇 개씩 찬장에 넣어두고, 냉장고 한편에는 자투리 채소 보관통이 지정석으로 정해져 있다. 참치에 여러 가지 채소를 넣고 동그랗게 구워내면 온 집안에 고소한 냄새가 가득하다. 평소 반찬으로 해 먹었던 평범한 참치전을 밥 위에 두르고 노란 달걀노른자를 탁 올리니 특별한 요리가 만들어진 기분이다. 그때그때 있는 자투리 재료를 썰어 넣기 때문에 만들 때마다 다른 맛과 모양에 혼자 먹는 점심도, 매일 하는 요리도 새롭고 즐겁다.

재료

밥 150g, 상추 2장, 깻잎 3장, 달걀 노른자 1개 분량, 식용유 2큰술, 간장 양념장 적당량

참치전 반죽

참치 통조림 85g(작은 캔), 양파 ¼개, 파 2줄기, 고추 1개, 당근 ¼개, 팽이버섯 1봉지(150g), 달걀 1개, 밀가루 1큰술, 소금 2꼬집, 후추 약간

만드는 법

1 참치전에 넣을 채소는 잘게 다지고 상추는 작게 뜯고 깻잎은 채 썬다.
2 참치전 반죽 재료를 볼에 넣고 찰기가 생길 때까지 반죽한다.
3 참치전 반죽을 숟가락으로 적당한 크기로 동그랗게 뜨고 식용유를 두른 팬에 넣어 갈색이 날 때까지 천천히 중약불에서 굽는다.
4 밥에 상추와 깻잎을 올리고 참치전을 동그랗게 두른 뒤 달걀노른자를 올린 다음 간장 양념장을 곁들인다.

◆ 참치전 반죽에 달걀을 넣어서 센불에서 익히면 겉만 익을 수 있으므로 중약불에서 천천히 속까지 익힌다.
◆ 참치 대신 크래미나 연어 통조림을 넣어도 좋다.

달걀 스크램블 가지구이 덮밥

즐거워서 하는 일도 매일 하면 귀찮고 피곤할 때가 있다. 몸이 무겁고 만사가 짜증 나는 날에는 누가 억지로 시키는 것이 아닌데도 요리를 하면 맛이 없어진다. 내 상태가 정직하게 요리에 담겨버린다. 그렇다고 삼시 세끼 외식을 하면 속에 탈이 날지도 모를 일이다. 그렇다면 조리 시간이 최대한 짧고 간단한 걸로 해 먹자. 달걀을 풀어 스크램블을 만들고, 가지는 칼집만 내 에어프라이어에 굽는다. 어제 만들어둔 간장 양념장을 두르고 크게 뜨면 부드러운 달걀 스크램블과 더 부드러운 가지가 입안 가득 들어온다. 쉽게 요리하자. 간단하게 챙겨 먹은 점심 덕분에 차가웠던 컨디션에 온기가 돈다.

재료

밥 150g, 달걀 2개, 가지 1개, 식용유 ½큰술, 간장 양념장 적당량

달걀 스크램블

달걀 1개, 소금 2~3꼬집, 참기름 ½작은술, 식용유 1큰술

만드는 법

1 가지를 반으로 길게 자르고 벌집 모양으로 칼집을 낸다.
2 가지 단면에 식용유를 골고루 바르고 예열한 에어프라이어에서 180℃로 10분 정도 굽는다. 또는 팬에 식용유를 두르고 단면이 갈색빛이 나도록 중불에서 노릇하게 굽는다.
3 달걀을 풀고 소금, 참기름을 넣어 골고루 섞은 뒤 식용유를 두른 팬에 붓고 크게 저어주며 센불에서 1분 내로 90% 정도 익힌다.
4 밥에 달걀 스크램블과 가지를 올리고 간장 양념장을 곁들인다.

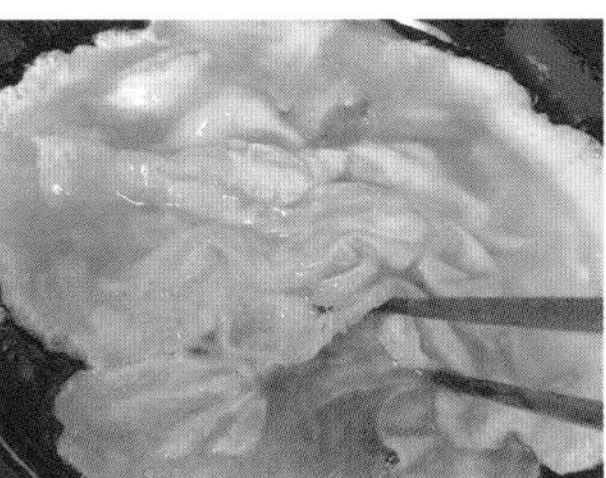

♦ 달걀 스크램블은 다 익혀서 고슬고슬하게 먹어도 좋고 80~90% 정도만 익혀서 부드럽게 먹어도 좋다.
♦ 가지 대신 버섯이나 애호박 등 다른 채소로도 응용 가능하다.

두부 주머니밥

평범한 두부구이와 양념장 그리고 밥, 매일 보는 재료지만 색다른 기분으로 먹기 좋은 귀여운 밥이다. 유부초밥을 떠올리며 두부에 칼집을 넣어 밥을 채웠는데, 나중에 찾아보니 북한에도 '두부밥'이라는 요리가 있다고 한다. 두부에서 수분이 날아가 부서지지 않도록 평소보다 오래 굽고, 밥을 조금씩 채워 넣으니 귀여운 모습에 웃음이 난다. 소꿉놀이를 하는 것 같다. 두부나 밥에 간은 따로 하지 않고, 파를 잔뜩 썰어 넣은 간장 양념장을 특별한 소스처럼 가득 올려준다. 자주 먹던 두부구이가 맞는지 확인하며 즐거운 마음으로 먹어서인지 더 맛있었던 한 그릇이다.

재료

두부 1모(300g), 밥 ½공기(100g), 들기름 1큰술, 식용유 1작은술, 간장 양념장 적당량

만드는 법

1 두부를 1.5~2cm 두께로 자르고 물기를 닦는다.
2 밥이 들어갈 공간을 만들기 위해 두부 중간에 칼집을 낸다.
3 팬에 들기름과 식용유를 두르고 두부를 올린 뒤 겉면이 단단해지도록 중불에서 모든 면을 골고루 바싹 굽는다.
4 두부를 한 김 식히고 밥을 조금씩 넣는다.
5 두부 주머니밥에 간장 양념장을 곁들인다.

◆ 두부에 밥을 넣기 위해 깊숙이 칼집을 내고 양옆으로는 너무 많이 자르지 않는다. 양옆을 많이 자르면 밥을 넣을 때 찢어지기 쉽다. 조금만 칼집을 내도 밥을 넣으면 자연스럽게 벌어진다.
◆ 두부를 바싹 구워야 흐물거리지 않는다. 특히 칼집 넣은 면을 바싹 익혀야 밥을 넣어도 찢어지지 않는다.

Happiness is Homemade

한 그릇 요리를 더 돋보이게 하는 것!

허리를 숙이고 접시에 가까이 다가가 내 안의 미적 감각을 꺼내본다. 모두 예쁜 걸 더 좋아하지 않을까. 플레이팅도 맛만큼 중요하다고 생각하는데, 파인다이닝처럼은 아니어도 보기 좋게 소담히 담아내면 그것으로 충분하다. 사소한 시도로 근사한 플레이팅이 완성된다. 특히 혼자 밥을 먹을 때, 작은 정성을 담아 그저 때우는 한 끼가 아니었으면 좋겠다.

한식은 대부분 깨를 뿌려 마무리한다. 깨는 고소함과 먹음직스러움을 더해주는 재료지만 '이 음식은 아직 누구의 손도 닿지 않았다'는 의미도 있다고 한다. 그런 의미로 보면 다른 고명도 같은 의미를 지니지 않았을까. 조금의 정성을 더해 정갈함을 담아보자.

한식류

깨, 다진 쪽파, 얇게 슬라이스한 청고추와 홍고추를 올려서 마무리하면 훨씬 풍성해 보인다.

양식류

굵게 간 후추, 다진 파슬리나 타임, 로즈메리 같은 허브류, 바로 간 하드치즈(그라나 파다노, 파르미지아노 레지아노, 페코리노 로마노 등), 크러시드 페퍼가 잘 어울린다.
평범하고 익숙한 요리도 특별한 한 그릇으로 만들어주는 마법의 식재료다.

PART 3

한 그릇 면

토마토소스 파스타

맛있는 시판 토마토소스도 많지만 홈메이드 소스의 맛을 알고 나서는 주로 직접 만들어 먹는다. 토마토의 산미가 싫다면 단맛을 첨가해 신맛을 상쇄시키고, 얼마나 졸이는가에 따라 원하는 농도를 맞출 수 있다. 허브 향이 싫다면 드라이 허브는 생략한다. 집에서 만드는 토마토소스는 온전히 자신의 취향에 맞게 만들 수 있어서 좋다. 귀찮긴 하지만 한번 맛보면 계속 만들 수밖에 없다. 오른쪽에는 토마토소스가 녹진하게 끓고, 왼쪽에는 파스타가 익는다. 더운 날 불 앞에서 고생한 나에게 애정을 담아 점심을 선물해야지. 아직 끓고 있는 토마토소스를 한 국자 가득 퍼서 파스타에 올려 먹으면 파스타 전문점이 부럽지 않다. 게다가 토마토소스를 젓다 보면 꼭 마법 약을 만드는 기분이라 남은 하루를 몽글몽글하게 보낼 수 있을 것만 같다.

재료

파케리 100g, 토마토소스 200ml, 파슬리 1줌, 올리브유 1큰술, 그라나 파다노 취향껏

토마토소스

토마토(찹토마토, 홀토마토 상관없음) 2캔(800g), 마늘 6쪽, 양파 ½개, 드라이 바질 1½큰술, 드라이 오레가노 1½큰술, 설탕 2큰술, 소금 ¼작은술, 올리브유 2큰술, 후추 약간

면수

물 1L, 소금 10g

토마토소스 만드는 법

1 마늘과 양파를 다진다.

2 팬에 올리브유를 두르고 마늘과 양파를 넣어 중약불에서 노릇하게 볶는다.

3 토마토 캔을 넣고 바질, 오레가노, 설탕, 소금, 후추를 넣고 묵직한 농도가 될 때까지 중약불에서 천천히 졸인다.

♦ 홀 토마토 캔을 쓴다면 주걱으로 으깨거나 블렌더로 살짝 갈아서 사용한다.

♦ 소스가 바닥에 눌어붙을 수 있으니 중간중간 주걱으로 젓는다.

♦ 토마토소스가 끓으면서 사방으로 튈 수 있으니 주의한다.

♦ 토마토 캔 제품에 따라 산미가 다르다. 설탕(단맛)이 산미를 상쇄시켜주므로 기호에 맞게 조절한다.

만드는 법

1 포장지의 설명서대로 파케리를 삶는다.

2 파슬리를 다지고 그라나 파다노는 취향껏 간다.

3 파케리에 토마토소스를 가득 올리고 파슬리와 그라나 파다노, 올리브유를 살짝 뿌려 마무리한다.

토마토 오일 파스타

어릴 때는 파스타가 두 종류인 줄 알았다. 토마토소스와 크림소스. 그리고 시큼한 토마토소스 파스타는 별로 좋아하지 않았다. 토마토의 맛을 알고 나서 토마토소스 파스타를 즐겨 먹게 되었는데, 묵직하게 끓인 진한 토마토소스도 좋지만, 생 토마토를 넣은 깔끔한 파스타도 자주 해 먹는다. 오일 파스타와 토마토소스 파스타의 중간쯤 파스타다. 토마토를 올리브유에 천천히 익히면 토마토에서 나오는 맛있는 채즙이 올리브유와 만나 근사한 소스가 되어 진한 맛을 만든다. 하드 치즈를 갈아 넣어 풍부한 맛을 더하면 깔끔하고 감칠맛 나는 파스타가 완성된다. 예전에는 무조건 베이컨을 넣었을 테고 토마토를 넣는 건 생각도 하지 않았을 텐데 많이도 변했다. 식성이 변하고 조리법도 조금씩 업데이트되고 있다. 요리에 하루하루 다른 내가 담겨 있다.

재료

스파게티 100g, 토마토 1개(큰 것), 방울토마토 8개, 마늘 4쪽, 굴소스 1작은술, 소금 ¼작은술, 그라나 파다노 간 것 2큰술, 올리브유 5큰술, 크러시드페퍼 약간, 파슬리 약간, 루콜라 약간, 후추 약간

면수

물 1L, 소금 10g

만드는 법

1 마늘은 굵게 다지고 토마토는 깍둑썰기하고 방울토마토는 4개만 이등분한다.
2 팬에 올리브유를 두르고 마늘과 크러시드페퍼를 넣어 1~2분 정도 중약불에서 향이 나도록 볶는다.
3 토마토와 방울토마토를 넣고 중약불에서 즙이 나오도록 3~4분 정도 바글바글 볶는다.
4 포장지의 설명서대로 스파게티를 삶는다.
5 삶은 스파게티와 면수 1국자를 3에 넣어 섞고 굴소스와 소금을 넣어 간을 맞춘다.
6 그라나 파다노를 갈아서 뿌리고 파슬리, 후추를 넣어 재빨리 섞는다.
7 파스타를 그릇에 담고 루콜라를 올린다.

♦ 방울토마토는 반으로 잘라서 익히면 채즙이 빨리 나온다.
♦ 치즈를 넣기 때문에 소금간은 조금 줄인다. 기호에 따라 맛을 보면서 가감한다.
♦ 젓가락으로 원을 그리듯 빨리 비벼야 스파게티와 소스가 잘 어우러진다.
♦ 스파게티는 젓가락과 국자를 이용해 돌돌 말아서 그릇에 담는다.

국간장 들기름 파스타

파스타 면으로 어디까지 해 먹을 수 있을지 모르겠다. 잘 불지 않고 어떤 재료와도 무난하게 어우러져 파스타 면에 자꾸 손이 간다. 다양한 요리를 시도해 보는데, 오늘은 들기름과 국간장을 넣고 두부를 곁들였다. 이 정도면 파스타라 할 수 없나? 올리브유에 표고버섯과 양파를 넣어 볶다가 파스타를 넣고 국간장으로 간을 맞춘 뒤 들기름을 둘러서 완성한다. 들기름과 표고버섯 향이 주방에 가득하다. 국간장으로 살짝 짭짤하게 간을 해서 달걀노른자와 비벼 먹으면 간이 적당하다. 들기름에 구운 두부도 고소한 맛에 입이 즐겁다. 어떤 날에는 표고버섯 대신 아삭한 배추를 넣는다. 이탈리아 사람들이 보면 놀라겠지? 하지만 우리의 정서에 맞게 응용하는 것도 요리의 매력이 아닐까. 요리에는 답이 없으니까 말이다! 저마다의 주방이 모여 새로운 맛을 만들어낸다.

재료
스파게티 100g, 표고버섯 4개, 마늘 4쪽, 대파 1줄기, 양파 ¼개, 두부 ⅓모(100g), 달걀노른자 1개 분량, 들기름 1큰술, 올리브유 4큰술, 고명(다진 쪽파, 고추, 깨 약간씩)

양념
국간장 2½작은술, 들기름 1큰술, 후추 약간

면수
물 1L, 소금 10g

만드는 법

1 표고버섯과 양파, 두부는 먹기 좋게 슬라이스하고 마늘은 편으로 썰고 대파는 쫑쫑 썬다.
2 팬에 들기름을 두르고 두부를 굽는다.
3 다른 팬에 올리브유를 두르고 마늘, 대파, 양파를 넣어 중약불에서 1~2분 정도 향이 나도록 볶는다.
4 표고버섯을 넣고 중불에서 1분 정도 더 볶는다.
5 포장지의 설명서대로 스파게티를 삶는다.
6 4에 스파게티와 면수 1국자, 국간장을 넣고 재빨리 섞어서 유화시킨다.
7 후추를 가득 넣고 들기름을 둘러 마무리한 뒤 그릇에 담고 달걀노른자와 두부, 고명을 곁들인다.

들깨 가지 파스타

아무 일 없는 하루가 또 지나간다. 별다른 이벤트 없이 똑같은 하루의 연속이다. 어제가 오늘인 듯, 오늘이 어제인 듯하다. 나이가 들면서 별일 없이 지내는 하루가 얼마나 감사한지 깨닫고는 있지만, 항상 똑같은 자리에 머물러 있는 듯한 기분이 불청객처럼 불쑥 찾아올 때가 있다. 그럴 땐 좋아하는 걸 하자. 냉장고를 열어 재료를 찾고 열심히 이것저것 만들어본다. 요리를 하다 보면 온전히 집중하게 돼 부정적인 마음도 어느덧 날아간다. 기름에 구우면 맛이 배가되는 가지와 고소한 들깻가루, 좋아하는 것으로 가득 담아낸 한 그릇. 조금은 무거울까 싶어 식초를 약간 넣었더니 더 깔끔하다. 은은하게 올라오는 생강 향에 들깻가루, 향긋한 깻잎이 한데 모여 풍성해 보인다. 맛있게 먹는 남편과 두런두런 이야기를 나누며 식사하다 보면, 행복이 별거 있냐며 배부르게 하루를 마무리한다. 무겁게 내려앉은 기분은 생각보다 쉽게 회복되었고, 그 마음은 정말이지 별 게 아니었다. 뭐든 마음먹기 나름인가 보다.

재료

스파게티 100g, 가지 1개, 마늘 4쪽, 생강 ½톨, 대파 1줄기, 들깻가루 1큰술, 깻잎 3장, 올리브유 4큰술, 후추 약간, 고명(다진 쪽파, 깨 약간씩)

양념

간장 1½큰술, 식초 2작은술, 미림 2작은술, 소금 1꼬집

면수

물 1L, 소금 10g

만드는 법

1 마늘은 편으로 썰고 생강은 잘게 다지고 대파는 쫑쫑 썰고 깻잎은 채 썰고 가지는 두툼하게 슬라이스한다.

2 팬에 올리브유를 두르고 마늘과 생강, 대파를 넣어 향이 나도록 1~2분 정도 중약불에서 볶는다.

3 가지를 넣고 익힌다. 이때 가지가 기름을 금방 먹기 때문에 면수 1국자를 넣어서 익히면 좋다.

4 포장지의 설명서대로 스파게티를 삶는다.

5 가지가 어느 정도 익으면 스파게티와 면수 1국자, 양념 재료를 넣어 재빨리 유화되도록 볶는다.

6 맛을 보고 소금을 1꼬집 추가한 뒤 들깻가루와 후추를 넣는다.

7 파스타를 그릇에 담고 깻잎을 올린 뒤 고명을 뿌린다.

고추장 로제 파스타

미안하다는 말이 머쓱해 화해의 표현으로 남편이 며칠 전 먹고 싶다던 음식을 준비하니 자연스럽게 분위기가 풀어진다. 로제 떡볶이를 보고 맛있겠다고 말하던 남편의 말을 기억했다가 떡볶이 대신 매콤한 로제 파스타를 만들었다. 텁텁함을 날리기 위해 고추장을 볶고 우유 대신 두유를 넣고, 치즈로 농도를 맞춰 면과 잘 버무린 다음 파슬리로 마무리하면 어쩐지 근사해진다. 리가토니를 넣어서 떡볶이 같은 파스타를 하나씩 먹으니 3인분 같은 2인분은 금세 바닥을 보이고, 싸움의 이유는 중요하지 않게 되었다. 남편이 자주 먹었다던 밑반찬을 만들고 싶은 마음에 시어머님께 여쭈어 반찬을 만들고, 요리를 해본 적 없는 남편은 내 생일 때마다 유튜브를 보며 미역국을 끓인다. 우유를 먹으면 배가 아픈 남편을 위해 우유 대신 두유를 넣는다. 누군가를 위해 요리하는 건 사랑의 표현 중 하나다.

재료
리가토니 100g, 양파 ⅓개, 마늘 4쪽, 새송이버섯 2개, 버터 10g, 올리브유 4큰술, 파슬리 약간

소스
고추장 1½큰술, 토마토 페이스트 1큰술, 두유 250ml, 파르미지아노 레지아노 3큰술, 굴소스 2작은술

면수
물 1L, 소금 10g

만드는 법

1 양파와 마늘, 파슬리는 다지고 새송이버섯은 한입 크기로 슬라이스한 뒤 벌집 모양으로 칼집을 낸다.
2 팬에 버터를 녹이고 새송이버섯을 넣어 앞뒤로 노릇하게 굽는다.
3 다른 팬에 올리브유를 두르고 양파와 마늘을 넣어 향이 나도록 1~2분 정도 중약불에서 볶다가 고추장을 넣고 1분 정도 볶는다.
4 토마토 페이스트를 넣고 섞은 뒤 두유를 넣고 중불에서 잠시 끓인다.
5 포장지의 설명서대로 리가토니를 삶는다.
6 리가토니와 새송이버섯, 면수 ½국자를 4에 넣고 굴소스로 간한 뒤 파르미지아노 레지아노를 넣어 꾸덕꾸덕하게 끓이다가 파슬리를 뿌린다.

◆ 고추장을 볶으면 특유의 텁텁함이 살짝 줄어든다.
◆ 두유 대신 우유나 생크림을 넣어도 된다.

야키 파스타

구입하기도 쉽고 종류도 다양해 여러 가지 면 요리에 파스타를 응용한다. 쫄면이나 짜장면이 먹고 싶을 땐 일반 스파게티를, 소면이 없을 땐 카펠리니를, 떡볶이 떡이 없을 땐 펜네를 활용한다. 느낌은 다르지만 무엇이든 응용 가능하다. 그래서 우리 집 찬장에는 늘 다양한 파스타가 있다. 어느 날 남편이 야키소바가 먹고 싶다고 말했다. 베이컨이나 햄은 먹지 않으려고 노력 중이고, 토핑으로 곁들이는 가쓰오부시도, 야키소바 소스도 없다. 완벽하게 재료가 갖춰져 있기가 어디 쉬운가. 내 방식대로 소스를 만들어야겠다. 가쓰오부시의 훈연 향이 아쉬워 스모크 파프리카 가루를 소스에 섞었더니 은은한 향에 눈이 커졌다. 파프리카 가루는 불맛을 내고 싶은 요리에 넣어 먹으면 좋기 때문에 하나쯤 사두는 것도 좋다. 넉넉히 넣은 양배추와 소스가 밴 면을 달걀노른자와 섞어 돌돌 말아 먹으니 생각보다 맛있다. 마음에 쏙 든 레시피를 잊어버릴까 봐 얼른 메모장에 적어둔다. 건강하고 내 입에 맞게 만들어진 한 그릇을 먹고 나면 '이 맛에 또 요리하지' 싶은 풍요로운 마음이 가득하다.

재료
스파게티 100g, 양배추 100g, 대파 1줄기, 마늘 4쪽, 달걀노른자 1개 분량, 올리브유 4큰술, 마요네즈 약간, 후추 약간, 고명(다진 쪽파, 깨 약간씩)

양념
간장 1큰술, 굴소스 2작은술, 식초 2작은술, 케첩 1작은술, 설탕 1작은술, 스리라차 소스 1작은술, 스모크 파프리카 가루 ⅓작은술

면수
물 1L, 소금 10g

만드는 법

1 마늘은 굵게 다지고 대파와 양배추는 먹기 좋게 썬다.
2 팬에 올리브유를 두르고 마늘을 넣어 향이 나도록 1~2분 정도 중약불에서 볶다가 양배추를 넣어 숨이 죽도록 살짝 볶는다.
3 포장지의 설명서대로 스파게티를 삶는다.
4 분량의 재료를 골고루 섞어 양념을 만든다.
5 스파게티와 면수 반 국자, 양념, 대파를 2에 넣고 재빨리 볶다가 후추를 뿌려 마무리한다.
6 스파게티를 그릇에 담고 달걀노른자와 마요네즈를 올린 뒤 고명을 뿌린다.

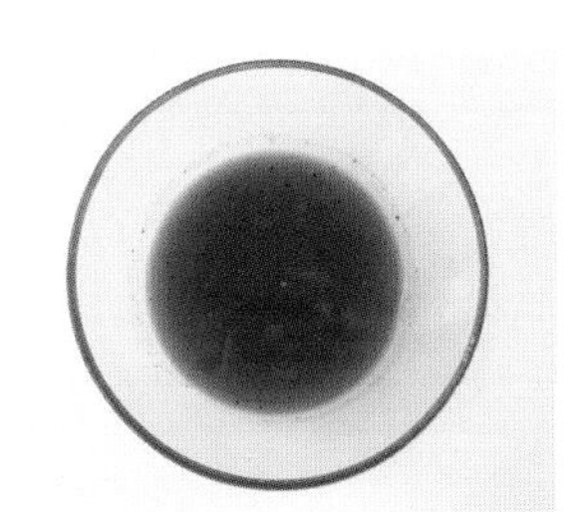

◆ 볶음면과 비슷해서 면수는 반 국자면 충분하다.
◆ 달걀은 달걀프라이를 해서 올려도 좋고 생략해도 무방하다.

땅콩소스 파스타

땅콩버터 한 통을 사면 좀처럼 줄어들지가 않는다. 빵에 몇 번 발라 먹고는 딱딱하게 굳어진 채로 냉장고 구석에서 시간을 보낸다. 얼마 전 맛있게 먹은 탄탄면을 떠올리며 땅콩버터로 파스타를 만들어 보았다. 파스타라기보다 볶음면에 더 가깝다고 해야 할까. 땅콩버터로 고소한 소스를 만들고, 유부와 버섯으로 감칠맛을, 숙주로 아삭함을 추가하면 색다른 면 요리가 완성된다. 유부나 두부는 꼭 넣기를 추천하고 고수를 곁들이면 이국적인 맛이 난다. 맛있어서 몇 번을 해 먹었더니 땅콩버터가 바닥을 보인다. 다음에는 더 큰 땅콩버터를 사야지. 함께 먹어줄 사람이 있으면 '맛있게 만들어야지'라는 마음이 더해진다. "요리 잘하는 아내가 있어서 남편은 좋겠어요"라고 하지만 맛있게 먹어주는 남편이 있어서 참 좋다. 땅콩을 뿌리며 더 고소해져라, 주문을 외워본다.

재료

스파게티 100g, 유부 3장, 표고버섯 2개, 숙주 60g, 마늘 3쪽, 대파 ½줄기, 생강 ½톨, 레몬 1/6개, 올리브유 4큰술, 고명(다진 쪽파, 고추, 땅콩, 고수, 깨 약간씩)

소스

땅콩버터 1큰술, 간장 1큰술, 레몬즙 1작은술, 설탕 1작은술, 스리라차 소스 1작은술, 후추 약간

면수

물 1L, 소금 10g

만드는 법

1 표고버섯은 슬라이스하고 유부는 먹기 좋은 크기로 자르고 마늘, 생강은 다지고 대파는 쫑쫑 썬다.
2 팬에 올리브유를 두르고 마늘과 생강, 대파를 넣어 중약불에서 1~2분 정도 향이 나도록 볶는다.
3 유부와 표고버섯을 넣고 1~2분 정도 중불에서 잠시 볶는다.
4 포장지의 설명서대로 스파게티를 삶는다.
5 스파게티와 소스 재료, 면수 반 국자를 3에 넣어 소스가 잘 배도록 볶는다.
6 불을 끄기 전에 숙주를 넣고 한 번 섞은 뒤 레몬 조각으로 즙을 짠다.
7 파스타를 접시에 푸짐하게 담고 고명을 뿌린다.

◆ 표고버섯과 유부 대신, 구운 두부와 고수를 곁들이면 또 다른 느낌의 한 접시가 된다.
◆ 숙주가 덜 익은 듯 아삭한 게 좋아서 마지막에 넣고 잔열로 익히는데, 완전히 익은 게 좋으면 좀 더 일찍 넣고 볶아주면 된다.

블랙올리브 버섯 페스토 파스타

샌드위치에도 샐러드에도 넣어 먹으려고 올리브를 사면 반 정도는 부지런히 먹다가 좀처럼 줄지 않는다. 그럴 때는 페스토나 타프나드를 만든다. 두바이에 와서 올리브 페스토를 알게 되었는데, 향도 좋고 맛도 너무 좋아 왜 이제야 이 맛을 알게 되었나 생각하며 열심히 빵에 발라 먹었다. 짭짤하고 풍미 좋은 올리브와 감칠맛 가득한 버섯이 만나 근사한 맛을 내는 페스토는 한번 맛보면 다음 장보기 목록에 또 추가하게 된다. 페스토는 만들기 어렵지 않다. 각종 버섯을 노릇하게 굽고, 올리브와 치즈, 마늘을 넣고 블랜더로 곱게 갈면 완성이다. 페스토를 기호에 맞게 넣고 면과 섞으면 요리가 끝난다. 고소하고 짭짤해서 묘하게 계속 들어간다. 페스토는 되도록 빨리 먹는 것이 좋은데, 크래커나 빵에 발라 먹어도 좋다. 여러 나라 음식을 접할 기회와 한국 식재료의 부족함이 요리 실력을 늘리고 응용하는 힘을 길러준 원동력이 되었다. 어쩔 수 없이 늘게 된 요리 실력에 늘 감사하다.

재료

링귀니 100g, 마늘 3쪽, 버섯 올리브 페스토 4큰술, 간장 2작은술, 파르미지아노 레지아노 20g, 올리브유 3큰술, 마늘 빵가루 약간, 고명(다진 파슬리 약간)

면수

물 1L, 소금 10g

마늘 빵가루 재료

빵가루 1컵, 다진 마늘 2작은술, 올리브유 약간

버섯 올리브 페스토

각종 버섯 300g(표고버섯, 팽이버섯, 새송이버섯, 만가닥버섯 등), 블랙올리브 80g, 마늘 2쪽, 소금 1꼬집, 올리브유 3큰술, 후추 약간

버섯 올리브 페스토 만드는 법

1 팬에 올리브유 1큰술을 두르고 버섯을 올려 노릇하게 볶는다.

2 버섯을 한 김 식히고 블랙올리브, 마늘, 올리브유 2큰술, 소금, 후추와 함께 블랜더로 간다.

마늘 빵가루 만드는 법

1 빵가루에 다진 마늘을 넣고 올리브유를 두른 팬에 넣어 빵가루가 연한 갈색이 돌 때까지 중불에서 노릇하게 볶는다.

만드는 법

1 마늘은 슬라이스하고 설명서대로 링귀니를 삶는다.

2 팬에 올리브유를 두르고 마늘을 넣어 1~2분 정도 중약불에서 익히다가 버섯 올리브 페스토와 면수 1국자를 넣고 잘 푼다.

3 링귀니를 넣고 간장으로 간한 뒤 파르미지아노 레지아노를 넣는다.

4 마늘 빵가루와 구운 버섯(버섯 올리브 페스토 만들 때 구운 버섯 약간)을 올리고 파슬리를 뿌린다.

순두부 짬뽕 파스타

짬뽕, 짜장면은 주기적으로 생각나는 음식 중 하나다. 중화면은 한인마트에서 살 수 있지만 냉동뿐이다. 그래서 스파게티를 이용해서 짬뽕이나 짜장면을 만들어 먹을 때도 있는데, 나름의 매력이 있다. 짬뽕이 먹고 싶을 때 국물을 넉넉하게 만들어 나만의 방식으로 만든다. 올리브유를 두르고 마늘과 고춧가루를 넣어 고추기름을 살짝 내고, 짬뽕의 불맛을 따라 하기는 힘들지만 스모크 파프리카 가루로 그 맛을 더해준다. 물을 넉넉히 넣고 순두부와 함께 먹을 거라 간은 짭짤하게 맞추고 끓이면 된다. 매콤한 국물 덕분에 스트레스가 풀리고, 치즈처럼 부들부들한 순두부와도 잘 어울린다. 더운 날 콧잔등에 맺힌 땀과 시원한 선풍기 바람, 매콤함이 더위를 물러서게 한다.

재료
스파게티 100g, 순두부 ½봉지(170g), 마늘 4쪽, 양파 ¼개, 대파 1줄기, 고춧가루 2작은술, 간장 1작은술, 스모크 파프리카 가루 ½작은술, 물 70ml, 올리브유 3큰술, 후추 약간, 고명(파채 ½줄기 분량)

양념
맛술 1큰술, 간장 1작은술, 피시 소스 1작은술, 굴소스 ½작은술, 식초 ½작은술

면수
물 1L, 소금 10g

만드는 법

1 마늘은 편으로 썰고 양파는 슬라이스하고 대파는 쫑쫑 썬다.
2 순두부는 슬라이스하고 고명용 파는 반으로 갈라 접은 뒤 얇게 채 썰고 차가운 물에 잠시 담근다. 파채 칼을 쓰면 더 쉽다.
3 팬에 올리브유를 두르고 마늘과 대파를 넣고 향이 나도록 1~2분 정도 중약불에서 볶는다.
4 고춧가루와 파프리카 가루를 넣고 고추기름을 내듯 볶다가 양파와 간장을 넣고 향을 입힌다. 이때 약불로 낮춰서 고춧가루를 볶는다. 센불에서 볶으면 고춧가루가 금방 탈 수 있으니 주의한다.
5 포장지의 설명서대로 스파게티를 삶는다. 짬뽕 국물에 넣어 좀 더 끓이기 때문에 삶는 시간은 1분 정도 적게 삶는다.
6 스파게티와 면수 100ml, 물, 양념 재료를 4에 넣고 1~2분 정도 중강불에서 바글바글 끓인다.
7 후추를 뿌리고 고명용 파채와 순두부를 곁들인다.

궁중 떡볶이 파스타

떡이 없는데 떡볶이가 먹고 싶을 때는 펜네로 떡볶이를 만들곤 한다. 정말이지 학교 앞 떡볶이나 동네마다 있는 분식집이 너무나 그립다. 펜네로 만든 떡볶이는 떡과는 다르지만 모양이 비슷해서 먹을 때마다 재밌다. 펜네 구멍 사이로 양념이 듬뿍 묻어 있어 좋다. 간장 떡볶이도 펜네와 잘 어울리겠다 싶어 여러 가지 채소를 가득 넣어 볶다가 간장, 마늘, 참기름 베이스의 양념과 삶은 펜네를 넣고 간이 배도록 볶았다. 조금은 특이하지만 고소한 한 그릇이 완성되었다. 평소 떡볶이를 먹을 때 떡보다 양배추나 어묵을 더 좋아해서 펜네 떡볶이가 좀 더 내 취향이다. 먹는 걸 좋아하는 만큼 한국에서 먹던 음식이 자주 그리운데, 그 그리움이 식탁이 발전해 나가는 힘일 수도 있겠다. 완벽하지 않아도, 좀 부족해도 그런대로 훌륭하다.

재료

펜네 100g, 당근 ⅓개, 표고버섯 3개, 피망 ½개, 양파 ½개, 마늘 4쪽, 올리브유 4큰술, 쪽파 2줄기, 고명(다진 쪽파, 깨 약간씩)

양념

간장 1½큰술, 미림 1큰술, 참기름 1큰술, 올리고당 ½큰술, 굴소스 ½큰술, 다진 마늘 1작은술, 설탕 1작은술, 후추 약간

면수

물 1L, 소금 10g

만드는 법

1 모든 채소는 채 썰고 마늘은 편으로 썬다.
2 분량의 재료를 골고루 섞어 양념을 만든다.
3 팬에 올리브유를 두르고 마늘을 넣어 향이 나도록 1~2분 정도 중약불에서 익힌다.
4 중불로 올리고 양파, 당근, 표고버섯을 넣은 뒤 1~2분 정도 더 볶는다.
5 피망을 넣고 양념을 1큰술 넣어 채소에 간이 배도록 잠시 볶는다.
6 포장지의 설명서대로 펜네를 삶는다.
7 펜네와 면수 반 국자를 5에 넣고 나머지 양념을 넣고 양념이 배도록 1~2분 정도 중강불에서 볶다가 쪽파를 넣고 한 번 더 섞는다.
8 그릇에 담고 고명을 뿌린다.

온국수

채수는 항상 만들어두는 우리 집 필수 식재료다. 밥하기 싫은 날, 면만 삶아 시원하게 국수를 먹어도 좋고 찌개나 국을 끓일 때도 따로 육수를 낼 필요가 없다. 채수를 만들면 채소 손질을 하고 남은 대파 뿌리나 양파 껍질, 표고버섯 밑동 등을 사용해 버리는 것이 없어 좋다. 채수를 만드는 김에 많이 끓여 쯔유와 국간장, 유부를 더해 우동 같은 온국수를 만들었다. 여기에 숙주를 넣어 아삭함도 더해본다. 채수를 차갑게 보관하고 간장 양념장과 달걀지단을 올려 시원한 잔치국수를 해 먹어도 좋다. 더운 날 뜨거운 주방에서 채수를 팔팔 끓이는 일이 귀찮긴 해도, 갓 우려낸 채수에 국수 한 그릇을 먹고 나니 단전 아래에서 "아, 좋다"라는 말이 절로 나온다. 여름에 꺼내 먹는 겨울의 맛. 적은 품을 들여 오늘도 큰 성취감을 얻는다. 나는 주방에서 원더우먼이다.

재료

소면 100g, 채수 600ml, 건표고버섯 2개, 당근 ¼개, 애호박 ⅓개, 양파 ¼개, 유부 3장, 숙주 1줌, 쯔유 2큰술, 국간장 2큰술, 고명(다진 쪽파, 깨 약간씩)

채수

물 1½L, 대파 1줄기, 표고버섯 3개, 양파 ½개, 마늘 8쪽, 무 100g, 국간장 2큰술, 건고추 2개, 다시마 약간

채수 만드는 법

1 채수 재료를 모두 냄비에 넣고 30분 정도 푹 끓인다.
2 불을 끄고 재료를 꺼내지 않고 식을 때까지 둔다.

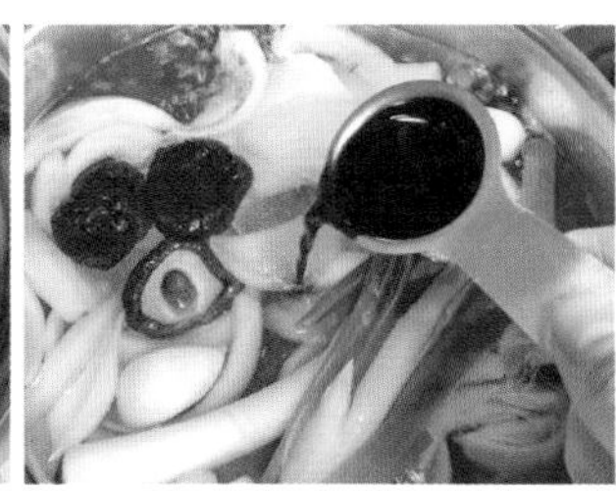

◆ 채수가 끓기 시작하면 다시마를 건진다.
◆ 채소를 통으로 넣지 말고 잘라서 넣으면 채수가 더 잘 우러나온다.

만드는 법

1 국수에 들어갈 채소를 모두 채 썬다.
2 채수에 채소, 쯔유, 국간장을 넣고 팔팔 끓인다.
3 숙주를 끓는 물에 넣었다가 바로 뺄 정도로 살짝 데친다.
4 포장지의 설명서대로 소면을 삶고 찬물에 한 번 헹군 뒤 물기를 뺀다.
5 소면에 2의 국물을 붓고 숙주를 올린 뒤 고명을 뿌린다.

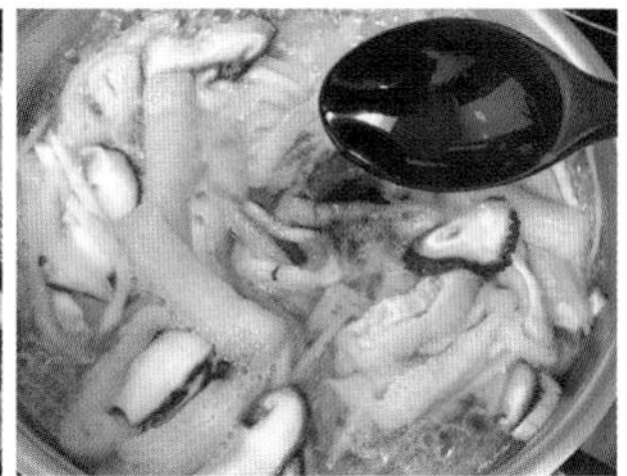

- ◆ 따로 숙주를 삶기 귀찮으면 마지막에 숙주를 넣어 한꺼번에 퍼도 괜찮다.
- ◆ 국물이 짤 수 있지만 소면과 함께 먹기 때문에 조금 짭짤하게 간한다.
- ◆ 따뜻한 국수라 삶은 소면을 헹구지 않아도 되지만 찬물에 헹구면 전분기가 제거되어 밀가루 냄새가 나지 않는다.

토마토 마리네이드 콜드 파스타

어젯밤 만든 토마토 마리네이드로 시원한 파스타를 만들었다. 상큼한 토마토 마리네이드 덕분에 후덥지근한 날씨를 잠시 잊게 된다. 소스에 버무린 알록달록한 토마토를 모아놓고 보니 보석처럼 예뻐 보여 설렌다. 어젯밤부터 오늘 해 먹을 점심 메뉴 생각에 설렜다. 설렐 일도 참 많다. 카펠리니를 삶아 토마토 마리네이드만 넣고 비벼 먹어도 좋지만, 오이와 당근을 넣어 아삭함을 더하고, 홀그레인 머스터드로 톡톡 터지는 맛을 더해준다. 매일 먹는 평범한 집밥이나 혼자 먹는 요리를 신경 써서 담아내는 게 귀찮을 수도 있지만, 보기 좋게 담긴 요리를 눈에 담을 때면 마음의 온도가 달라진다. 남은 하루를 몽글하게 보낼 수 있을 것 같은 느낌이 든단 말이지. 토마토 마리네이드가 알록달록 참 곱다. 3교시 미술 시간 같은 마음으로 접시를 채워본다.

재료
카펠리니 90g, 루콜라 1줌, 당근 25g, 오이 ⅓개, 토마토 마리네이드 적당량, 고명(슬라이스 레몬 약간),

소스
토마토 마리네이드 국물 3큰술, 간장 1½큰술, 홀그레인 머스터드 1작은술

면수
물 1L, 소금 10g

토마토 마리네이드
방울토마토 300g, 양파 ¼개, 바질잎 4g, 올리브유 3큰술, 레몬즙 1큰술, 화이트 발사믹 1큰술, 메이플 시럽 1큰술, 소금 2꼬집, 후추 약간

토마토 마리네이드 만드는 법

1 방울토마토는 칼로 십자 모양을 내고 끓는 물에 넣어 10초 이내로 데친 뒤 찬물에 식혀서 껍질을 벗긴다.
2 양파와 바질은 잘게 다진다.
3 방울토마토에 마리네이드 재료를 모두 넣고 잘 섞은 뒤 소독한 유리병에 담는다.

◆ 바질 대신 파슬리나 깻잎을 다져 넣어도 좋다.
◆ 레드 발사믹을 넣으면 색깔이 짙어져서 화이트 발사믹을 넣었지만 레드 발사믹을 넣어도 된다.

만드는 법

1 당근과 오이는 얇게 채 썬다.
2 분량의 재료를 골고루 섞어 소스를 만든다.
3 방울토마토 마리네이드를 적당량 덜어 루콜라와 함께 버무린다.
4 포장지의 설명서대로 카펠리니를 삶고 찬물에 헹군 뒤 물기를 뺀다.

5 카펠리니에 소스와 당근, 오이를 넣고 소스가 잘 배도록 비빈다.
6 접시에 카펠리니를 담고 함께 버무린 방울토마토 마리네이드와 루콜라를 올리고 레몬을 곁들인다.

◆ 토마토 마리네이드는 큰 토마토로도 만들 수 있다. 토마토를 슬라이스해서 만들기 때문에 바로 만들어 먹기에 좋다. 아침에 만들어 점심쯤 먹으면 꿀맛이다.

오리엔탈 콜드 파스타

혼자 먹는 점심의 파스타로 내 손으로 만들어 먹는 사소한 즐거움을 알게 되었다. 애니메이션 한 편을 틀어놓고 돌돌 말아 먹는 파스타는 나에게 건네는 위로의 맛이었다고 해야 하나. 쑥스러운 말이지만 정말 그랬다. 간장과 참기름이 들어간 익숙한 맛의 소스로 버무린 파스타는 언제 먹어도 질리지 않고 그때그때 있는 재료를 담아내면 되어서 자주 만든다. 구운 두부를 좋아해 밥이든 면이든 같이 곁들이곤 한다. 건강하게 채소를 먹어야지, 쫄깃하게 버섯을 구워볼까, 초록 채소가 있으니 빨간 토마토도 담아내면 예쁘겠다, 생각도 손도 분주하다. 접시에 색칠하듯 채워나가면 '이거 다 먹을 수 있을까'란 생각이 드는 푸짐한 한 접시가 완성된다. 정교하지도 화려하지도 않지만 애정을 가지고 만드는 나의 요리. 주방에서 작은 행복을 느끼며 나는 더 단단해진다.

재료

스파게티 90g, 만가닥버섯 50g, 새송이버섯 1개, 두부 ¼모(75g), 올리브유 1½큰술, 루콜라 약간, 토마토 약간, 고명(다진 쪽파, 슬라이스 레몬, 깨 약간씩)

소스

간장 1.8큰술, 올리브유 1큰술, 참기름 1큰술, 메이플 시럽 2작은술, 레몬즙 2작은술, 후추 약간

면수

물 1L, 소금 10g

만드는 법

1 새송이버섯은 슬라이스하고 만가닥버섯은 밑동을 자른다. 두부는 큐브 모양으로 자르고 루콜라는 씻는다.
2 분량의 재료를 골고루 섞어 소스을 만든다.
3 팬에 올리브유를 두르고 중불에서 두부와 버섯을 노릇하게 굽는다.
4 포장지의 설명서대로 스파게티를 삶고 차가운 물에 한 번 헹군 뒤 물기를 뺀다.
5 스파게티에 소스을 붓고 섞는다.
6 스파게티와 두부, 버섯, 루콜라, 토마토, 레몬을 먹기 좋게 접시에 담고 쪽파, 깨를 뿌린다.

◆ 두부는 구워도 되고 전분가루를 살짝 묻혀서 구워도 좋다.
◆ 스파게티는 물기를 충분히 빼야 싱겁지 않다.
◆ 메이플 시럽 대신 꿀이나 올리고당, 설탕을 넣어도 좋지만 당도가 다르니 맛을 보면서 소스를 만든다.

당근 라페 콜드 파스타

잠들 때 선풍기를 켜놓고 자는 시기가 빨라졌다. 올해 두바이는 유독 뜨겁고 습하다. 새콤하고 시원한 음식이 자주 생각나는 걸 보니 여름이긴 한가 보다. 주방에서 불 쓰는 일이 살짝 꺼려지는데, 특히 면을 삶으면 수증기 때문에 주방이 사우나가 된다. 그런데 희한하게도 더운 날에는 면 요리가 가장 먼저 떠오른다. 오늘 점심도 간단히 면 요리. 어제 만들어둔 당근 라페가 있으니 면만 삶아서 비벼 먹어야지. 스리라차 소스를 뿌려 매콤함을 더하고, 무심하게 고수도 올리면 새콤달콤한 당근 라페와 함께 멋진 한 접시가 완성된다. 쨍한 당근의 색깔이 예술이다. 홀그레인 머스터드가 중간중간 톡톡 터지고 오독오독 씹히는 당근 라페는 면과 함께 먹다 보면 계속 추가하게 될지도 모른다. 영화 한 편과 함께 먹는 점심. 느긋하게 흘러가는 장면과 후루룩 소리를 내면서 먹는 점심으로 더위를 식힌다. 아, 여름의 행복!

재료
카펠리니 90g, 당근 라페 50g, 달걀 1개, 두부 100g(생략 가능), 전분가루 2큰술, 식용유 1½큰술, 고명(고수 3줄기, 깨 약간)

양념
간장 1½큰술, 스리라차 소스 2작은술, 참기름 2작은술, 식초 1작은술, 메이플 시럽 1작은술, 디종 머스터드 1작은술

면수
물 1L, 소금 10g

당근 라페
당근 1개, 올리브유 1큰술, 레몬즙 2작은술, 홀그레인 머스터드 1½작은술, 메이플 시럽 1작은술, 소금 2꼬집, 후추 약간

당근 라페 만드는 법

1 당근은 채 썰고 나머지 재료를 모두 넣은 뒤 섞는다.

만드는 법

1 두부는 큐브 모양으로 자르고 전분가루를 살짝 묻힌 뒤 식용유를 두른 팬에 올려 중불에서 노릇하게 굽는다.
2 달걀을 삶는다.
2 포장지의 설명서대로 카펠리니를 삶고 찬물에 헹궈 물기를 뺀다.
3 카펠리니에 양념 재료를 넣고 버무린 뒤 당근 라페를 가득 올리고 두부, 달걀, 고명을 올린다.

샐러드 파스타

더운 날씨 때문에 시원한 면 요리를 자주 해 먹는 편이라 기분 내키는 대로, 생각나는 대로 소스를 만들기도 한다. 카펠리니를 찬물에 헹궈 상큼한 소스와 함께 버무린다. 어떻게 담아볼까 하다가, 접시에 약간의 멋을 더해본다. 빨갛게 잘 익은 토마토를 깔고, 그 위로 카펠리니를 돌돌 만 뒤 알맞게 삶은 달걀을 올리니 먹기 아까울 정도다. 매일의 끼니 때우기는 어찌 보면 무한반복의 노동이라고 볼 수도 있는데, 정성을 약간 더하면 어느 순간 즐거움을 발견할지도 모른다. 옷장을 열면 거의 무채색밖에 없는 나는 요리를 할 때는 알록달록하다. 누가 봐도 주인공인 귀여운 한 접시를 앞에 두고 먹기도 전에 기분이 좋아진다. 회색이던 기분에도 색이 입혀진다.

재료
카펠리니 90g, 토마토 1개, 루콜라 1줌, 적양파 1/6개, 삶은 달걀 ¼개, 고명(다진 쪽파, 깨 약간씩)

양념
다진 양파 ¼개, 다진 마늘 ⅓작은술, 올리브유 1큰술, 간장 1½큰술, 스위트 칠리소스 1큰술, 케첩 2작은술, 식초 1작은술, 발사믹 비네거 1작은술

면수
물 1L, 소금 10g

만드는 법

1 토마토와 적양파는 슬라이스한다.
2 포장지의 설명서대로 카펠리니를 삶고 찬물에 헹군 뒤 물기를 뺀다.
3 분량의 재료를 골고루 섞어 소스를 만들고 카펠리니를 넣은 뒤 버무린다.
4 접시에 토마토를 깔고 루콜라, 적양파, 카펠리니, 달걀을 순서대로 올린 뒤 고명을 뿌린다.

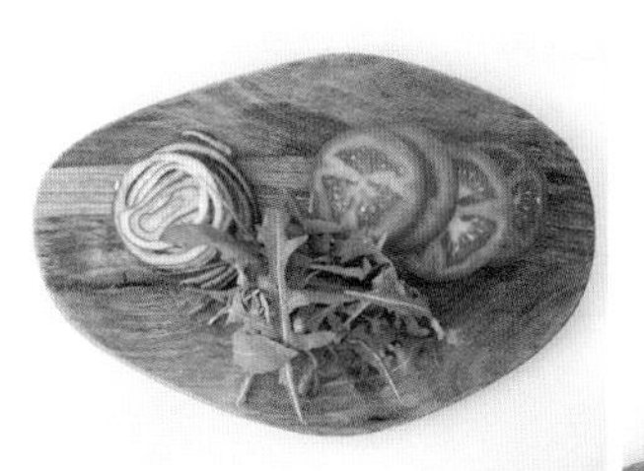
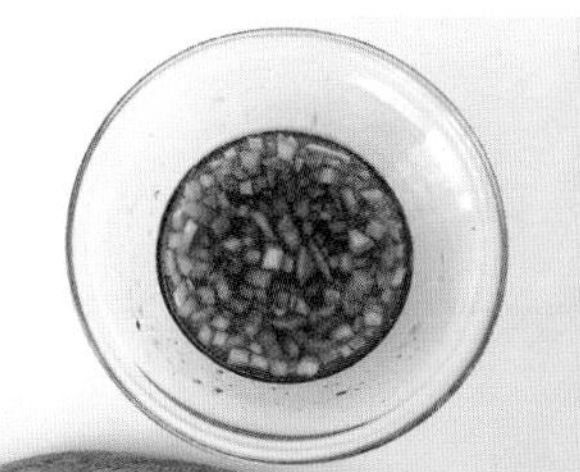

♦ 플레이팅에 정해진 답은 없다. 토마토 대신 방울토마토를 곁들이고, 루콜라 대신 다른 샐러드용 채소를 깔거나 올려서 다양하게 즐기자.

루콜라 겉절이 간장국수

루콜라는 생김새도 귀엽고 약간의 쓴맛이 오히려 입맛을 돋우어 샌드위치나 파스타를 만들 때 자주 사용한다. 오래 두고 먹을 수는 없어서 시들해지기 전에 먹기 바쁜 채소 중 하나다. 보통 양식에 쓰지만 상추 무침을 떠올리며 간단하게 겉절이를 만들었더니, 세상에 너무 맛있다. 왜 지금까지 양식에만 어울린다고 생각했을까? 어떤 재료든지 생각을 제한하는 걸 지양해야 한다는 사실을 다시 한 번 깨달은 날이다. 반찬으로도 좋을 것 같지만 시원하게 국수와 곁들여 먹기로 한다. 짭짤하고 고소한 간장국수에 약간 심심하게 무친 루콜라를 가득 올린다. 루콜라로 면을 싸 먹으니 쌉싸래한 맛에 마치 여름이 입안으로 들어오는 기분이다. 손에도 입가에도 고소한 냄새가 폴폴 난다.

재료
소면 100g, 루콜라 20g, 양파 ¼개, 방울토마토 1개

루콜라 겉절이 양념
참기름 2작은술, 깨 2작은술, 식초 1작은술, 고춧가루 ½작은술, 피시소스 ⅓작은술

간장국수 양념
깨 2작은술, 들기름 1½큰술, 쯔유 1큰술, 간장 1작은술, 설탕 ½작은술, 다진 마늘 ½작은술

만드는 법

1 양파는 얇게 슬라이스하고 방울토마토는 반으로 자르고 루콜라는 씻어둔다.
2 루콜라와 양파를 볼에 넣고 겉절이 양념 재료를 모두 넣어 살살 무친다.
3 분량의 재료를 골고루 섞어 간장국수 양념을 만든다.
4 포장지의 설명서대로 소면을 삶고 차가운 물에 헹군 뒤 물기를 뺀다.
5 소면과 간장국수 양념을 골고루 비벼서 그릇에 담는다.
6 소면에 루콜라 겉절이를 올리고 방울토마토를 곁들인다.

◆ 루콜라가 너무 크면 반으로 자른 뒤 무친다.
◆ 간장국수도 간이 되어 있으니 루콜라는 약간 싱겁게 무치는 것이 포인트다.

토마토 비빔국수

촉촉한 양념장이 많이 들어가 잘 비벼지는 비빔국수가 좋다. 토마토는 의무적으로 매일 먹으려고 노력 중이라 어디든 어울리겠다 싶으면 무조건 곁들이고 응용하는데, 비빔국수의 소스로도 활용해 본다. 양념에 방울토마토를 갈아 넣은 덕분에 촉촉하고 감칠맛 나는 비빔국수 완성. 사이다도 약간 넣는 것이 포인트다. 방울토마토 대신 큰 토마토를 넣어도 좋다. 카펠리니를 삶아 소면과 쫄면의 중간쯤 느낌을 내고, 촉촉하게 만든 비빔 양념을 듬뿍 올리고, 양배추와 깻잎을 채 썰어 아삭함과 깔끔함을 더한다. 덥고 끈적한 날씨 때문에 지치는 날에는 새콤하고 매콤한 음식이 떠오른다는 게 신기하고, 이런 날씨에도 입맛이 돈다는 게 웃기기도 하다. 선선한 가을을 기다리며 축제 같은 여름을 건강하게 보내자.

재료

카펠리니 90g, 양배추 1장, 깻잎 4장, 삶은 달걀 ¼개

양념(넉넉한 2인분)

방울토마토 5개, 식초 2큰술, 올리고당 2큰술, 고추장 1큰술, 고춧가루1½큰술, 설탕 1작은술, 간장 1큰술, 소금 ¼작은술, 사이다 2큰술, 참기름 1½큰술, 고추냉이 약간

면수

물 1L, 소금 10g

만드는 법

1 양배추와 깻잎은 채 썬다.
2 방울토마토는 십자 모양으로 칼집을 내고 뜨거운 물에 살짝 담갔다가 껍질을 벗긴다.
3 방울토마토를 포함한 분량의 양념 재료를 모두 믹서에 곱게 간다.
4 포장지의 설명서대로 카펠리니를 삶고 찬물에 헹군 뒤 물기를 뺀다.
5 카펠리니를 접시에 담고 양배추와 깻잎을 가득 올린 뒤 3의 양념을 넉넉히 붓는다.

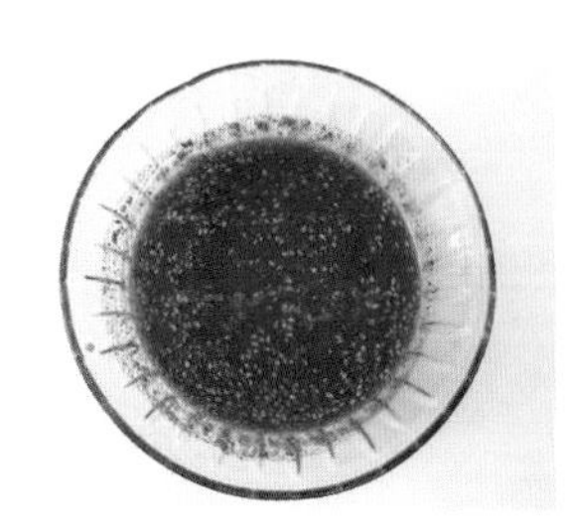

◆ 양념을 만들면 너무 묽어서 의아할 수도 있지만 잠시 두면 고춧가루가 불어서 살짝 뻑뻑해진다.
◆ 양념은 미리 만들어두고 하루 정도 숙성해서 먹으면 더 맛있다.
◆ 적은 양의 방울토마토는 껍질을 벗길 때 데칠 필요 없이 전자레인지로 뜨겁게 데운 물에 방울토마토를 살짝 담갔다가 껍질을 벗기면 된다. 간편하게 요리하자.

시원한 메밀국수

바쁘고 몸이 무겁다는 핑계로 밥을 차려 먹는 일을 소홀히 하면 작은 우울이 찾아온다. 맛있는 걸 먹고, 음식을 만들어 대접하는 데서 행복을 느끼는 나는 그 사소한 즐거움마저 누리지 못하는 것 같아 마음이 무겁다. 무거운 몸을 일으켜 톡 쏘는 겨자를 넣고 만든 시원한 메밀국수 한 접시로 작은 행복을 지켜본다. 겨자와 식초는 더운 여름에 잃어버린 입맛을 찾기에 충분한 조합이다. 양념과 메밀국수를 조물조물 무치고 채 썬 오이를 한가득 올려 먹으면, 얼마 전 냉면이 먹고 싶었던 욕심이 사라진다. 오이를 좋아하지 않는 남편의 그릇에는 오이를 적게, 대신 방울토마토를 많이 담는다. 나는 식초를 좀 더 뿌리고, 남편은 겨자를 더 넣어 먹는다. 내가 제일 좋아하는 계절, 여름. 좋아하는 음식으로 가득 채우고, 각자의 취향에 맞춘 여름의 식탁을 계속 즐겨볼 참이다.

재료

메밀국수 90g, 달걀 1개, 오이 ½개, 방울토마토 4~5개, 고명(다진 쪽파, 깨 약간씩)

양념

간장 1½작은술, 쯔유 1½큰술, 식초 2작은술, 메이플 시럽 2작은술, 참기름 2작은술, 겨자 1작은술(취향에 따라 가감), 깨 약간

만드는 법

1 오이는 채 썰고 달걀은 삶은 뒤 슬라이스한다.

2 물 1L를 냄비에 넣고 포장지의 설명서대로 메밀국수를 삶은 뒤 찬물에 헹군다.

3 분량의 재료를 골고루 섞어 양념을 만들고 메밀국수를 넣어 버무린다.

4 메밀국수를 그릇에 담고 오이, 달걀, 방울토마토를 올린 뒤 고명을 뿌린다.

◆ 깻잎이나 상추 등 좋아하는 채소를 다양하게 토핑하면 같은 소스라도 또 다른 한 접시가 완성된다.

가지절임 메밀국수

드라이브 사진첩을 정리하다가 10년 전 백화점 문화센터에서 배웠던 일본식 채소절임 사진을 발견했다. 오래전 사진이라 화질은 좋지 않았지만 이렇게 맛있는 요리를 잊고 있었다니! 내 방식대로 만들어 이제는 더운 날에 자주 해 먹고 있다. 노릇하게 구운 가지는 꼭 키친타월에 기름을 빼고(기름을 빼지 않으면 냉장고에서 식힐 때 기름이 굳어 둥둥 뜬다) 반나절 이상 두어 양념이 스며들고 차갑게 먹어야 맛있다. 짭짤해서 반찬으로도 좋고, 메밀국수를 삶아 담가 먹어도 좋다. 무와 고추냉이를 곁들이니 시원한 맛이 딱 좋다. 국수를 넉넉히 삶길 참 잘했다. 사진첩을 정리하길 참 잘했다. 꼭 기억해야지 했던 것도 금방 잊어버리기 쉽다. 사진이나 일기를 보면서 기록의 중요성을 느낀다. 요리를 만들어 사진으로 남기고 레시피와 그날의 생각을 짧게 적어 여러 날의 조각을 부지런히 모아 기록 부자가 되어야지.

재료

메밀국수 90g, 무 100g, 가지절임 적당량, 고추냉이 약간, 다진 쪽파 1줄기 분량, 깨 약간

가지절임

가지 2개, 다진 양파 ¼개, 물 200ml, 간장 2큰술, 쯔유 1큰술, 맛술 1큰술, 설탕 2작은술, 식초 1작은술, 식용유 2큰술

가지절임 만드는 법

1 가지는 한입 크기로 썰고 식용유를 두른 팬에 넣어 노릇하게 굽는다.
2 구운 가지를 키친타월에 올려 기름을 뺀다.
3 기름을 뺀 가지에 나머지 재료를 모두 넣고 차갑게 식힌다.

만드는 법

1 무를 강판에 갈고 손으로 물기를 꽉 짜서 동그랗게 뭉친다
2 냄비에 1L의 물을 넣고 포장지의 설명서대로 메밀국수를 삶는다.
3 메밀국수를 차가운 물에 헹구고 물기를 뺀 뒤 그릇에 담는다.
4 무, 고추냉이, 가지절임과 쪽파를 올리고 가지절임 국물을 원하는 만큼 담은 뒤 깨를 뿌린다.

◆ 가지절임을 만들고 다음 날 먹어야 간도 배고 차가워서 더 맛있다.
◆ 가지 외에 파프리카, 애호박 등 다른 채소를 함께 절여 먹어도 좋다.

고추장아찌 숙주 냉모밀

항상 김치와 함께 냉장고에 있는 고추장아찌는 다 먹기도 전에 미리 만들어두는 필수 밑반찬이다. 부침개, 삶은 어묵, 구운 두부, 느끼한 음식을 먹을 때 고추장아찌를 조금씩 덜어 먹다 보면 금방 동이 나고 남은 국물은 참기름과 고춧가루를 넣고 섞으면 채소 겉절이 양념으로 완벽하다. 국물 하나까지 버릴 게 없다. 40℃가 넘는 아찔한 날씨 탓에 시원하고 매콤한 음식이 유독 당겨서 시원한 면류를 많이 해 먹는데, 다양하게 먹으려고 부단히도 노력 중이다. 곁들이는 반찬으로 먹던 고추장아찌를 주인공으로 비빔국수를 만들었다. 매콤하니 역시나 맛있다. 늘 먹던 장아찌 맞나 싶을 정도다. 고추를 다지고 들기름을 더해 양념을 만들고 다양하게 채소를 토핑한다. 아직 한참이나 남은 두바이의 한여름, 이렇게 저렇게 국수를 만들어 먹다 보면 뜨거운 여름도 금방 지나가겠지. 시원한 국수를 후루룩 넘기며 잠깐 더위를 잊어본다.

재료
메밀국수 80g, 숙주 100g, 고추장아찌 2큰술, 다진 마늘 1작은술, 식용유 ½큰술, 쪽파 1줄기, 고명(토마토 ¼개, 깨 약간)

양념
들기름 1½큰술, 간장 1큰술, 고추장아찌 국물 2작은술, 설탕 1작은술, 깨 약간

고추장아찌
고추 500g, 간장 200ml, 물 200ml, 식초 200ml, 설탕 160ml, (물 : 설탕 : 간장 : 식초 = 1 : 0.8 : 1 : 1)

고추장아찌 만드는 법

1. 고추는 깨끗이 씻어 물기를 최대한 제거하고 원하는 크기로 자른 뒤 소독한 병에 담는다.
2. 간장, 물, 식초, 설탕을 한데 넣고 끓인 뒤 끓기 시작하면 불을 끄고 바로 병에 붓는다.
3. 반나절 정도 상온에 두었다가 냉장고에 넣고 이틀 뒤에 먹는다.

◆ 고추장아찌 국물은 버리지 말고 고기 먹을 때 곁들이는 양파절임 양념으로 사용하면 좋다. 양파를 얇게 슬라이스해서 장아찌 국물을 자작하게 붓고 절이면 된다. 또 장아찌 국물에 참기름과 깨를 첨가해 한국식 샐러드 드레싱(오리엔탈 드레싱과 비슷하다)으로 사용하면 좋다.

만드는 법

1. 분량의 재료를 골고루 섞어 양념을 만들고 고추장아찌와 쪽파는 잘게 다진다.
2. 팬에 식용유를 두르고 마늘을 넣은 뒤 향이 나도록 볶다가 숙주를 넣고 센 불에서 1분 내로 볶는다.
3. 1L의 물을 끓이고 포장지의 설명서대로 메밀국수를 삶은 뒤 찬물에 헹궈 물기를 빼고 양념과 고추장아찌, 깨를 넣고 비빈다.
4. 메밀국수에 숙주를 소복이 올리고 쪽파와 깨를 올린다.

◆ 가지를 구워서 올려도 좋고 각종 채소와 곁들여 먹어도 좋다. 좋아하는 채소를 곁들여 다양하게 먹어보자.

동남아풍 샐러드 파스타

달콤하면서 새콤한 동남아 요리는 생각만으로도 침이 고인다. 피시 소스 한 병을 사면 어떻게 다 쓰냐고 가끔 물어보는데, 배추겉절이나 조림류, 국을 끓일 때 액젓 대신 피시 소스를 한두 숟갈씩 넣으면 좋다. 특히 미역국을 끓일 때 약간 넣으면 감칠맛이 좋다. 오늘은 여행 때 먹었던 분짜를 떠올리며, 고기완자 대신 두부 만두를 곁들여 한 끼를 만들었다. 당근과 무에 설탕과 식초를 넣고 절이는 동안 두부 만두를 만든다. 으깬 두부에 각종 채소를 넣어 소를 만드는데 이때 생강을 꼭 넣는다. 라이스페이퍼에 돌돌 말아 노릇하게 굽고, 새콤한 소스를 버무린 면에 각종 채소를 푸짐하게 담아 나만의 작은 동남아를 즐긴다. 똑같이 만들 수는 없어도, 내 입맛대로 만든 한 접시는 기분 전환으로 부족함이 없다. 식사를 준비하는 내내 무작정 걷다가 계획 없이 들어간 음식점에서 먹었던 요리를 떠올리고, 그곳에서의 분위기를 떠올려본다. 어떤 요리는 여행이 된다.

재료
카펠리니 90g, 깻잎 3장, 양파 1/6개, 오이 1/3개, 무 100g, 당근 1/3개, 고수 1줌, 두부 만두 적당량(181p 참고), 땅콩 약간

소스
피시 소스 1큰술, 설탕 1큰술, 스리라차 소스 2작은술, 레몬즙 2작은술, 식초 2작은술, 다진 청고추 약간, 다진 홍고추 약간

당근, 무절임
식초 3큰술, 설탕 3큰술, 소금 2꼬집

면수
물 1L, 소금 10g

만드는 법

1 깻잎, 오이, 양파, 무, 당근은 채 썬다.
2 무와 당근에 식초, 설탕, 소금을 넣어 20분 정도 절이고 손으로 물기를 꼭 짠다.
3 포장지의 설명서대로 카펠리니를 삶고 찬물에 헹군 뒤 물기를 뺀다.
4 분량의 재료를 골고루 섞어 소스를 만들고 카펠리니를 넣어 버무린다.
5 카펠리니를 그릇에 담고 깻잎, 오이, 양파, 고수, 두부 만두, 당근, 무를 차곡차곡 담은 뒤 땅콩을 가득 뿌린다.

◆ 새콤한 맛은 기호에 따라 가감한다.
◆ 피시 소스는 사용하는 제품에 따라 염분 차이가 있으니 소스를 만든 뒤 조금씩 섞어가며 비빈다.
◆ 당근과 무를 굵게 썰면 절이는 시간이 더 길어지므로 얇게 썬다.

두부 만두

재료

라이스페이퍼 6장, 두부 ½모(150g), 쪽파 4줄기, 당근 ⅓개, 양파 ¼개, 다진 마늘 2작은술, 생강 ½톨, 굴소스 1큰술, 소금 2꼬집, 후추 약간, 식용유 3큰술

만드는 법

1 두부는 물기를 꽉 짠 뒤 다지고 채소는 곱게 다진다.
2 라이스페이퍼와 식용유를 제외한 재료를 모두 볼에 넣고 골고루 섞는다.
3 라이스페이퍼를 물에 적신 뒤 2의 두부소를 넣고 월남쌈을 싸듯 돌돌 만다.
4 팬에 기름을 두르고 두부 만두를 넣어 노릇노릇하게 굽는다. .

◆ 두부 만두를 구울 때는 간격을 둬야 라이스페이퍼끼리 달라붙지 않는다.
◆ 두부소에는 생강을 넣어야 더 맛있다.
◆ 라이스페이퍼가 찢어져 속이 터졌거나 너무 얇다면 한 장 더 감싼다.
◆ 두부소 재료를 배추에 넣고 돌돌 말아서 쪄 먹어도 맛있다. (배추롤 마는 법은 243p 참고)

PART 4

빵과 샐러드

올리브 타프나드 토스트

올리브는 그다지 즐겨 먹는 재료는 아니었는데, 두바이에 살면서 올리브와 친해졌다. 마트에 가면 병에 든 올리브 말고도 다양한 올리브가 있어 원하는 만큼 살 수 있는데 종류별로 담아 구입하면 멋쟁이가 된 기분이다. 곱게 다진 올리브와 파프리카, 양파를 넣어 타프나드를 만들었다. 기본적으로 타프나드는 곱게 갈아 만드는데, 씹는 맛이 있도록 잘게 다졌다. 빵에 올리브 타프나드를 잔뜩 올려 치즈와 방울토마토를 함께 구우면 갓 구운 작은 피자를 먹는 기분이다. 멋진 색감만큼 맛이 진하다. 아침부터 분주하게 움직인 나에 대한 고마움의 표현인지 남편은 밖에서 사 먹는 음식이 시시해 보인다며 칭찬을 쏟아냈다. 사소한 말 한마디가 하루를 든든하게 해주고, 나를 단단하게 만든다. 진짜 용기를 준다.

재료

사워도우 빵 2조각, 모차렐라 50g, 방울토마토 적당량, 고명(그라노 파다노 약간)

타프나드

올리브 30g, 양파(작은 것) ¼개, 파프리카 ¼개, 올리브유 2큰술, 파슬리 약간, 후추 약간

만드는 법

1 올리브, 양파, 파프리카는 잘게 다진다.
2 다진 채소에 나머지 타프나드 재료를 넣어 잘 섞는다.
3 빵에 모차렐라를 올리고 타프나드를 취향껏 올린 뒤 방울토마토를 올린다.
4 예열한 오븐이나 에어프라이어에 넣고 180℃에서 5~10분 정도 구운 뒤 고명을 뿌린다.

◆ 타프나드는 3일 안에 먹는 것이 좋다.
◆ 토르티야에 피자처럼 올리거나 비스킷에 듬뿍 올리거나 파스타에 곁들여도 좋다.

올리브 쪽파 토스트

쪽파 크림치즈를 보고 응용한 토스트로 묵직한 크림치즈 대신 리코타 치즈를 가득 바르고 다진 올리브와 쪽파를 버무려 올렸다. 올리브와 쪽파가 어울릴까 고민하며 만들었는데 대성공이다. 올리브는 향과 맛이 강해서 다양한 소스나 양념이 필요 없다. 매일 하는 요리가 귀찮을 때가 있지만 사소한 조합의 레시피가 주는 다정함이 나를 다독여준다. 잘 만들어서 잘 먹고 싶은 마음에 주방에서 열심히 물갈퀴질을 한다. 덕분에 오늘 하루도 활기차게 시작한다.

재료

사워도우 빵 2장, 올리브 50g, 쪽파 2줄기, 올리브유 1큰술, 리코타 치즈 적당량, 후추 약간

만드는 법

1 올리브와 쪽파는 잘게 다지고 올리브유와 후추를 넣고 함께 섞는다.

2 빵에 리코타 치즈를 듬뿍 바르고 1을 올린 뒤 후추를 뿌린다.

◆ 리코타 치즈 대신 그릭 요거트를 발라도 상큼하니 맛있다.

◆ 빵 대신 삶은 계란을 반으로 잘라 쪽파 올리브를 올려 먹어도 맛있다.

구운 토마토 토스트

빵과 토마토는 아침 식사 단골 메뉴다. 잠들기 전에 다음 날의 아침을 고민하는데 딱히 생각나는 것이 없으면 빵과 토마토를 식탁에 올린다. 그냥 먹는 것도 맛있지만, 조금이라도 누르면 즙이 주르륵 나올 만큼 뜨겁게 익혀 먹는 걸 좋아해서, 토마토와 양파, 마늘을 간단히 양념해 에어프라이어에서 노릇하게 굽는다. 빵이 익는 동안 요거트 스프레드를 만들어 빵에 넘치도록 바르고 구운 토마토를 올린 뒤 파슬리를 뿌린다. 한입 베어 물면 토마토에서 즙이 주르륵 흐르고, 마늘과 양파 향도 입안에서 터진다. 기분 좋게 하루를 시작하기에 충분하다. 어제의 토스트는 오늘의 토스트와 어딘가 닮았고 내일의 토스트도 분명 아는 맛이겠지? 그렇지만 그날의 분위기가 모양도 맛도 미묘하게 바꿔준다. 이 세상에 똑같은 토스트는 없다!

재료

슬라이스 바게트 2장, 방울토마토 10개, 토마토 1개, 양파 1/6개, 마늘 3쪽, 로즈메리 약간(생략 가능), 고명(다진 파슬리 약간)

밑간

화이트 발사믹 1큰술, 올리브유 1큰술, 소금 1꼬집, 후추 약간

스프레드

플레인 요거트 2큰술, 홀그레인 머스터드 2작은술, 메이플 시럽 1작은술, 레몬즙 1작은술, 올리브유 1작은술, 소금 1꼬집, 다진 파 약간, 후추 약간

만드는 법

1 양파는 작게 자르고 마늘은 슬라이스하고 방울토마토는 반만 이등분한다.
2 방울토마토와 양파, 마늘, 밑간 재료를 모두 넣고 섞는다.
3 2를 예열한 에어프라이어에 넣어 180℃에서 10분 정도 굽는다. 프라이팬에서 중불로 노릇하게 구워도 된다.
4 분량의 재료를 골고루 섞어서 스프레드를 만든다.
5 빵에 스프레드를 듬뿍 바르고 노릇노릇 구운 3의 토마토를 가득 올린 뒤 고명을 뿌린다.

♦ 양파는 생략해도 되지만 마늘은 꼭 넣는다.

코울슬로 토스트

아침부터 입맛이 좋은 나는 빵에 달걀프라이 하나만 올려 먹어도 만족한다. 잠이 완전히 깨지 않은 상태로 만든 아침은, 완벽하진 않아도 챙겨 먹는 것에 큰 의미를 둔다. 부지런함이 더해진 아침을 먹고 나면 좋은 에너지를 듬뿍 받아 괜찮은 하루를 보낼 것만 같다. 그래서 아침을 꼭 먹는다. 전날 저녁을 준비하면서 다음 날 아침으로 먹을 양배추까지 미리 채를 썰어두었다. 먹을 것만큼은 계획적으로 움직인다. 우유를 살짝 넣는 것이 포인트인 촉촉하고 달콤한 코울슬로에 삶은 달걀과 노릇하게 구운 새우를 곁들이면 완성. 달걀이나 새우 없이 코울슬로만 듬뿍 올려 먹어도 맛있고, 모닝빵에 넣어도 좋다. 아침도 든든하게 먹었겠다, 오늘 하루도 잘 지내보자!

재료

캉파뉴 2조각, 새우 2마리, 달걀 1개, 다진 마늘 1작은술, 올리브유 1큰술, 루콜라 약간(생략 가능), 후추 약간, 고명(다진 쪽파 약간)

코울슬로

양배추 100g, 당근 ¼개, 플레인 요거트 1½큰술, 마요네즈 1큰술, 우유 1큰술, 설탕 2작은술, 레몬즙 1작은술, 소금 ¼작은술, 후추 약간

만드는 법

1 양배추와 당근은 채 썰고 코울슬로 재료를 모두 넣어 버무린다.

2 올리브유를 두른 팬에 새우, 마늘, 후추를 넣어 굽고 달걀을 삶는다.

3 캉파뉴에 코울슬로를 가득 올리고 새우와 달걀, 고명을 곁들인다.

◆ 우유가 들어가야 부드럽고 촉촉한 코울슬로가 완성된다.

◆ 새우와 달걀 대신 담백하게 구운 가지나 애호박, 버섯, 베이컨 등 다른 재료를 다양하게 올려도 좋다.

코울슬로 모닝롤

다른 토핑 없이 코울슬로에 사과와 로메인(또는 상추)를 채 썰어 넣고 버무려 모닝빵에 넣으면 간편하다. 대신 사과와 로메인을 추가했기 때문에 요거트나 마요네즈를 반 큰술 정도 추가하면 좋다.

만드는 법

1 코우슬로 재료와 채 썬 사과 1/3개, 채 썬 로메인 1장을 잘 버무린다.

2 모닝빵에 가득 넣는다.

버섯 프렌치토스트

달콤한 빵은 아무리 많이 먹어도 간식 같아서 밥 생각이 난다. 아침부터 기분이 가라앉을 때는 달콤한 게 좋지 않을까 싶어 프렌치토스트를 떠올려본다. 메이플 시럽을 뿌리고 딸기나 바나나를 곁들이는 게 보통이지만 오늘은 버섯과 함께 먹기로 한다. 두유에 달걀을 풀어 빵을 푹 적시고 천천히 노릇하게 굽는다. 버섯은 발사믹을 넣고 소금으로 간한 뒤 재빨리 볶는다. 양송이버섯은 익으면서 수분이 날아가 크기가 줄어들기 때문에 너무 작게 자르지 않는 것이 좋다. 빵에 버섯을 소복이 올려서 포크로 듬뿍 찍어 먹으니 고소한 빵과 버섯이 어우러져 한 끼 식사로 손색이 없다. 버터를 넣어 구운 빵 덕분에 온 집안에는 고소한 냄새가 풍기고 푸석한 빵도 촉촉하게 되살아났다. 달콤함보다 짭짤함을 좋아하는 내 입맛에 맞춘 프렌치토스트를 먹으면서 나를 살뜰히 잘 돌보고 있구나 싶어서 퍽 기특하다. 사소하게 찾아오는 작은 우울은 내 입에 맞는 맛있는 토스트와 버터 향으로 해결되었다.

재료
사워도우 빵 3장, 버터 10g, 파슬리 약간, 하드 치즈 약간(생략 가능)

달걀물
달걀 1개, 두유 100ml, 소금 2꼬집, 설탕 1큰술

버섯볶음
양송이버섯 4개, 만가닥버섯 1줌, 다진 마늘 1½작은술, 발사믹 식초 1½큰술, 소금 3꼬집, 올리브유 2큰술, 후추 약간

만드는 법

1 양송이버섯은 먹기 좋게 자르고 만가닥 버섯은 밑동을 자른다.
2 두유에 달걀, 소금, 설탕을 넣고 잘 푼 뒤 빵을 넣어 20분 이상 적신다.
3 팬에 버터를 넣고 빵을 올려 약불에서 천천히 앞뒤로 노릇하게 굽는다.
4 다른 팬에 올리브유를 두르고 마늘, 버섯을 넣어 중불에서 노릇하게 굽는다.
5 발사믹 식초, 소금, 후추를 넣고 한 번 더 볶은 뒤 불을 끈다.
6 빵에 3의 버섯볶음을 가득 올리고 파슬리와 치즈로 토핑한다.

- ◆ 빵은 약불에서 천천히 구워야 속까지 골고루 익는다.
- ◆ 발사믹 식초를 넣으면 버섯이 눌어붙을 수 있으니 센 불에서 볶지 않는다.
- ◆ 두유 대신 우유를 사용해도 된다.
- ◆ 빵은 10분 정도만 적셔도 되지만 달걀물에 오래 둘수록 보들보들 맛있는 프렌치토스트가 된다. 오래 적시기 위해 너무 얇고 부드러운 식빵은 피하고 두껍게 썬 식빵이나 바게트를 사용하면 좋다.
- ◆ 발사믹 식초는 레드, 화이트 모두 사용할 수 있지만 열을 가하는 요리에는 레드 발사믹이 더 적합하다.

그릭 단호박 토스트

귀여운 단호박 두 개를 계획 없이 샀다. 한 개는 쪄서 우리 집 강아지 후추와 나눠 먹고 한 개는 뭘 해 먹을까 하다가 빵과 함께 먹기로 했다. 단호박을 익히는 동안 그릭 요거트에 시나몬 가루와 메이플 시럽을 섞어 스프레드를 만들고 씹는 맛이 있도록 견과류를 다진다. 빵에 몽글거리는 그릭 스프레드와 으깬 단호박을 푸짐하게 올린다. 한입 베어 물면 부드러워서 멈출 수가 없다. 따뜻하게 데운 크루아상에 발라 먹어도 잘 어울릴 것 같다. 집 안 가득 퍼지는 버터 냄새, 샤워하고 나와서 마시는 시원한 보리차, 베이킹소다로 다시 반짝거리는 오래된 냄비, 뽀득하게 씻어서 채반에 가득 담은 빨간 방울토마토, 폭폭 삶아 까슬하게 마른 행주, 남지도 모자라지도 않게 담긴 토마토소스 두 병. 기분 좋아지는 것들은 어디서든 찾을 수 있다. 오늘의 행복은 맛있게 만든 그릭 스프레드와 샛노란 단호박의 빛깔이다. 단호박 씨를 파내면서 색깔이 어쩜 이렇게 예쁘지 새삼스럽게 기분이 좋아진다.

재료

호밀빵 2장, 미니 단호박 1개, 버터 10g, 올리브유 ½큰술, 견과류 약간

그릭 스프레드

그릭 요거트 100g, 메이플 2작은술, 시나몬 가루 ⅓작은술, 소금 2꼬집, 견과류 적당량

만드는 법

1 단호박은 4등분하고 10~15분 정도 삶거나 랩을 씌워 전자레인지에서 7~10분 정도 익힌다.
2 익은 단호박은 씨를 바르고 껍질을 제거한 뒤 버터를 넣어 으깬다.
3 분량의 재료를 골고루 섞어 그릭 스프레드를 만든다.
4 올리브유를 살짝 두른 팬에 빵을 넣어 중불에서 앞뒤로 노릇하게 굽는다.
5 빵에 그릭 스프레드를 바르고 단호박을 올린 뒤 견과류를 뿌린다.

올리브 양배추 달걀 패티 샌드위치

출출한 오후나 늦은 밤 야식으로 가장 먼저 떠오르는 것은 달걀에 양배추를 썰어 넣은 두툼한 토스트다. 만들기도 쉽고, 익숙한 맛이지만 먹을 때마다 맛있다. 양배추뿐 아니라 다양하게 재료를 추가하면 응용이 무궁무진해서 만들기 나름인 기특한 샌드위치다. 달걀과 빵에 어울릴 만한 재료를 떠올리며 이렇게 만들면 어떨까, 냉장고엔 뭐가 있더라 생각하며 즉흥적으로 나만의 레시피가 만들어진다. 어려울 게 하나도 없다. 달걀에 채 썬 양배추를 넣고 올리브를 다져 넣었다. 모든 재료를 스크램블 만들 듯 살짝 익히다가 빵 크기에 맞춰 모양을 잡고 두툼하게 굽는다. 스크램블처럼 익혀도 되지만 먹을 때 떨어지니 빵 크기의 패티 같은 느낌으로 굽는 것이 좋다. 한입 크게 베어 무니 올리브 향이 은은하게 올라오고 보석처럼 콕콕 박힌 까만 올리브가 예뻐 보인다.

재료
사워도우 빵 2조각, 토마토 ½개, 케일 약간, 루콜라 약간,

달걀 패티
달걀 1개, 블랙올리브 8개, 양배추 1장, 쪽파 2줄기, 소금 2꼬집, 식용유 1½큰술, 후추 약간

스프레드
마요네즈 1큰술, 플레인 요거트 1큰술, 메이플 시럽 1작은술, 머스터드 1작은술, 다진 마늘 ⅓작은술

만드는 법

1 올리브와 쪽파는 다지고 양배추는 채 썰고 토마토는 슬라이스한다.
2 달걀을 풀고 쪽파, 양배추, 올리브, 소금, 후추를 넣어 섞는다.
3 팬에 식용유를 두르고 2의 달걀물을 부어 중강불에서 스크램블하듯 섞다가 살짝 익으면 빵 크기대로 모양을 잡은 뒤 중불로 낮추고 앞뒤로 노릇하게 굽는다.
4 달걀 패티가 익을 동안 분량의 재료를 골고루 섞어 스프레드를 만든다.
5 빵에 스프레드를 바르고 케일과 루콜라, 토마토, 3의 달걀 패티를 쌓는다.

◆ 달걀 패티는 달걀물을 모두 붓고 스크램블하듯 살짝 섞다가 주걱으로 모양을 다듬으면서 구우면 모양이 잘 잡힌다.
◆ 센 불에서 구우면 겉면만 금방 익기 때문에 중약불에서 천천히 굽는다. 한 면을 충분히 노릇하게 익혀야 뒤집을 때 부서지지 않는다.
◆ 빵은 어떤 빵이든 상관없다.

버섯 달걀 패티 샌드위치

더 잘까 고민하다가 부스스하게 일어나 아침을 만들었다. 특별한 일이 없으면 아침에는 보통 빵을 먹는다. 어젯밤에 생각한 버섯 넣은 달걀 토스트를 만들어야지. 만가닥버섯을 먼저 노릇하게 굽다가 치즈 가루를 넣은 달걀물을 부어 모양을 잡아 두툼하게 패티를 만든다. 빵 사이에 채소와 함께 끼워 반으로 썰면 달걀 사이로 버섯이 가지런하다. 열어둔 창문으로 바람이 솔솔 불어오고 잠옷 차림에 산발한 머리 그대로 아침을 크게 한입 베어 문다. 쫄깃한 버섯의 식감과 부드러운 달걀, 완숙 토마토의 짭짤함이 아침을 가득 채워준다. 마음 챙김 식사(Mindful Eating). 오늘은 온전히 식사에 집중하는 시간을 가져본다. 소리와 맛에 집중하며 천천히 오랫동안 꼭꼭 씹어 삼킨다. 여유를 가지고 아침이 주는 이벤트를 천천히 즐겨본다. 매일 이런 시간을 가지기는 힘들지만 혼자만의 귀한 시간이 생겼을 땐 마음 챙김 식사로 한 끼의 식사가 평온해지고 귀해진다. 나의 아침은 오늘도 안녕하다.

재료
베이글 1개, 상추 2장, 토마토 ½개, 루콜라 약간

버섯 패티
만가닥버섯 60g, 달걀 1개, 그라나 파다노 간 것 10g, 소금 2꼬집, 다진 쪽파 2줄기 분량, 식용유 1½큰술, 후추 약간

스프레드
마요네즈 1큰술, 스리라차 소스 2작은술, 메이플 시럽 1작은술

만드는 법

1 토마토는 얇게 슬라이스하고 버섯은 밑동을 자르고 상추와 루콜라는 씻는다.
2 팬에 식용유를 두르고 만가닥버섯을 넣어 중불에서 노릇하게 볶는다.
3 달걀을 풀고 그라나 파다노, 소금, 쪽파, 후추를 넣어 달걀물을 만든다.
4 2의 버섯에 3의 달걀물을 붓고 스크램블하듯 젓다가 빵 크기대로 모양을 잡아 약불로 낮춘 뒤 천천히 굽는다.
5 분량의 재료를 골고루 섞어 스프레드를 만든다.
6 빵 한쪽에 스프레드를 바르고 상추, 4의 버섯 패티, 토마토, 루콜라 순서로 쌓는다.

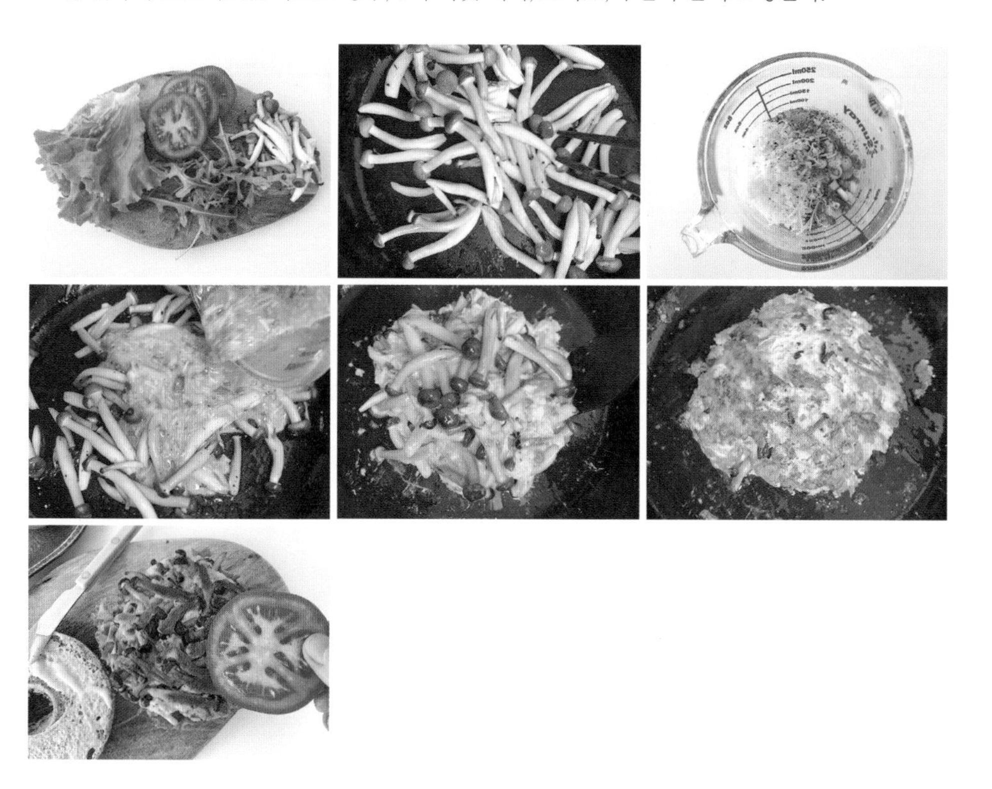

새우 달걀 패티 샌드위치

새해 첫날, 해가 바뀌는 마지막 밤이라며 싱숭생숭한 기분으로 잠자리에 들었는데 일어나 보니 어제와 별다를 게 없는 똑같은 아침이다. 굳이 달라진 점을 찾아보면 좀 더 나은 내가 되자고 마음을 다잡은 정도가 아닐까. 떡국은 점심에 먹기로 하고 아침은 역시 빵으로 시작한다. 새해 아침이니 약간 의욕이 넘쳐서 올리브유에 다진 마늘을 섞어 빵 한 면에 발라 마늘빵처럼 구웠다. 소스를 발라 굽기 때문에 타기 쉬우니 정성껏 굽는다. 패티는 새우와 달걀로 만든다. 파와 함께 새우를 굽다가 달걀물을 부어 뭉쳐서 모양을 만든다. 예쁘게 만들려고 하지 말고 대충 모양을 잡아 만드는 게 더 먹음직스럽다. 두툼한 새우 패티에 루콜라 가득, 치즈도 한 장 넣었더니 새우버거 부럽지 않은 맛이다. 마늘빵처럼 구운 빵과 새우가 너무 잘 어울려서 한입 먹고는 남편과 잠시 눈을 마주친다. 달걀 샌드위치는 응용 방법이 끝이 없어서, 아침에 뭘 해 먹지 고민보다 맛있는 설렘이 가득하다. 올해도 소소한 행복으로 가득 채워야겠다.

재료

통밀빵 2장, 칵테일새우 8마리, 다진 쪽파 2줄기 분량, 다진 마늘 1작은술, 체다치즈 1장, 올리브유 1큰술, 로메인(또는 푸른 잎 채소) 약간, 후추 약간

마늘빵 소스

올리브유 1큰술, 다진 마늘 ½작은술, 설탕 1작은술

달걀물

달걀 2개, 소금 ¼작은술, 후추 약간

스프레드

마요네즈 2작은술, 스리라차 소스 1작은술, 스위트칠리소스 1작은술

만드는 법

1 마늘빵 소스 재료를 골고루 섞고 빵 한쪽에 바른 뒤 마른 팬에 올려 약불로 노릇하게 굽는다.

2 올리브유를 두른 팬에 새우, 마늘, 쪽파, 후추를 넣고 살짝 볶는다.

3 분량의 재료를 골고루 섞어 달걀물을 만든다.

4 달걀물을 2에 붓고 스크램블하듯 젓다가 빵 크기에 맞게 주걱으로 모양을 잡고 약불에서 천천히 익힌다.

5 분량의 재료를 골고루 섞어 스프레드를 만든다.

6 1의 빵에 스프레드를 바르고 치즈, 달걀 패티, 루콜라를 순서대로 올린다.

♦ 소스를 바르고 빵을 구울 때는 약불에서 천천히 구워야 타지 않는다. 어느 정도 구웠는지 확인하면서 굽는다.

마늘 콩피와 구운 채소 샌드위치

마늘을 좋아해서 음식에 아낌없이 넣는 편이다. 싱싱한 마늘이 보이면 잔뜩 사다가 좋아하는 영상을 틀어놓고 마늘을 까는데, 아무 생각 없이 하는 단순노동이 힐링이 될 때가 있다. 잔뜩 까놓은 마늘로 마늘 콩피를 만들었다. 푹 익은 마늘은 빵이나 크래커에 올려 먹고, 마늘 향이 배어 있는 올리브유는 파스타나 빵을 구울 때 사용하면 풍미가 좋다. 여러 가지 채소에 마늘 콩피의 올리브유를 넣고 버무려 노릇하게 굽고 빵 한쪽에 고소하게 익은 마늘을 소스처럼 으깨어 바른다. 입이 찢어질세라 크게 벌려 한입 먹으면, 마늘의 풍미만큼이나 좋은 구운 채소의 달콤함이 느껴진다.

재료

바게트 15cm 크기 1개, 가지 1개(작은 것), 애호박 ⅓개, 양파 ¼개, 올리브유 2큰술, 푸른 잎 채소 적당량, 마늘 콩피 적당량, 줄기콩 약간

마늘 콩피

마늘 30쪽, 로즈메리 1줄기, 통후추 8알, 올리브유 적당량, 크러시드 페퍼 약간

채소 밑간

마늘 콩피 올리브유 2큰술, 발사믹 식초 2큰술, 소금 2~3꼬집, 후추 약간

스프레드

홀그레인 머스터드 1큰술, 메이플 시럽 1작은술

마늘 콩피 만드는 법

1 마늘이 살짝 잠길 정도로 자작하게 올리브유를 붓고 로즈메리, 통후추, 크러시드 페퍼를 넣는다.
2 아주 약한 불에서 20~30분 정도 푹 익힌다.

◆ 로즈메리나 타임 같은 허브를 넣으면 향이 좋지만 생략해도 된다. 통후추와 크러시드 페퍼 역시 생략해도 무방하다.
◆ 드라이 허브를 사용해도 괜찮다.
◆ 두꺼운 팬을 사용하는 것이 좋다.

만드는 법

1 애호박과 가지, 양파는 먹기 좋은 크기로 슬라이스한다.
2 줄기콩과 1의 채소, 밑간 재료를 볼에 넣고 골고루 섞은 뒤 팬에서 중불로 노릇하게 굽는다.
3 분량의 재료를 골고루 섞어 스프레드를 만든다.
4 바게트를 반으로 자르고 한쪽에는 스프레드, 한쪽에는 마늘 콩피를 4~5알 으깨어서 바른다.
5 2의 채소를 바게트 안에 예쁘게 쌓는다.

♦ 구워서 맛있겠다 싶은 채소는 뭐든 활용해도 좋다.

FRANTOI CUTRERA
D.O.P.

두부 스프레드 샌드위치

크림치즈를 먹지 않은지가 꽤 됐다. 한번 사면 금세 사라져서 칼로리도 걱정되고 콜레스테롤도 걱정돼 줄이려고 노력 중이다. 가끔 크리미한 소스를 입안 가득 먹고 싶을 때가 있는데, 맛과 질감 모두 다르지만 크림치즈처럼 고소하고 부드러워 두부 스프레드로 대체하곤 한다. 두부에 각종 양념을 넣고 한데 갈아주면 쉽게 완성되는 간단한 스프레드지만 두부로 만들어 텁텁할 수도 있어서 상큼한 오이도 얇게 썰어 가득 곁들인다. 한입 크게 베어 물면 스프레드가 옆으로 새어 나와 입가에 흰 수염을 만든다. 맛있게 만든 두부 스프레드 덕분에 좀 더 활기찬 아침이 되었다. 요리를 하면서 작은 것의 즐거움과 감사함을 배우게 되었다. 부정적이었던 내가 "그냥 즐겁게 해보지 뭐"라고 마음먹으면서 하루가 다르게 색칠되고 있다. 요리하길 참 잘했다 싶다.

재료

호밀빵 2장, 토마토 1개, 버터헤드 레터스 2장(푸른 잎 채소로 대체 가능), 오이 1개, 적양파 ¼개(작은 것)

두부 스프레드

두부 100g, 깨 2작은술, 메이플 시럽 2작은술, 디종 머스터드 1작은술, 레몬즙 1작은술, 다진 마늘 ⅓작은술, 소금 3꼬집, 후추 약간

토마토, 양파 밑간

소금 3꼬집, 올리브유 2작은술, 발사믹 비네거 1작은술, 후추 약간

만드는 법

1 오이는 필러로 얇게 슬라이스하고 토마토와 적양파도 슬라이스한다.
2 두부 스프레드 재료를 블랜더나 믹서로 곱게 간다.
3 토마토와 양파에 밑간을 한다.
4 마른 팬에 호밀빵을 넣고 중강불에서 노릇하게 굽는다.
5 호밀빵에 버터헤드 레터스를 올리고 두부 스프레드를 듬뿍 바른 뒤 오이, 토마토, 양파를 순서대로 올린다.

감자구이 샌드위치

아침은 간편하게 먹는 편이지만, 아침이니까 기분 내서 손이 가는 요리를 만들 때도 종종 있다. 감자를 얇게 채 썰어 노릇하게 굽고 채소도 씻어서 물기를 뺀다. 아침부터 부엌이 바쁘다. 감자를 굵게 썰면 익힐 때 오래 걸리기 때문에 얇게 써는 것이 좋고 천천히 노릇하게 구워야 수분이 날아가 좀 더 바삭하다. 달걀프라이와 토마토, 채소를 넣고 먹기 좋게 자르니 알록달록 빛나는 아침이 완성된다. 바삭하게 구운 감자가 눅눅해질세라 얼른 남편을 부른다. 결혼 전에는 먹지도 않던 아침밥이지만, 결혼을 하고는 삼시 세끼에 집착하게 되었다. 엄마가 왜 그렇게 밥을 먹으라고 했는지, 밥 식는다고 빨리 오라는 엄마의 잔소리에 짜증이 먼저 났는데 이제는 모두 이해가 된다. 밥은 따뜻할 때 먹어야 제맛인데, 그때는 왜 그렇게 듣기가 싫던지. 아침을 차려놨는데 느긋하게 나오는 남편을 보며 이제야 알았다. 밥 먹자는 소리도, 빨리 오라는 소리도 모두 사랑이었다.

재료
호밀빵 4장, 감자 1개(큰 것, 또는 작은 것 2개), 토마토 1개, 양상추 2장, 달걀 2개, 식용유 2큰술, 푸른 잎 채소 적당량

감자 패티
채 썬 감자 1개 분량(큰 것, 또는 작은 것 2개), 소금 ¼작은술, 전분가루 1큰술, 후추 약간

스프레드
플레인 요거트 2큰술, 스리라차 소스 1작은술, 메이플 시럽 1작은술, 다진 마늘 ½작은술, 다진 양파 약간, 후추 약간

만드는 법

1 감자는 얇게 채 썰고 토마토는 슬라이스한다.
2 감자에 소금, 전분가루, 후추를 넣어 섞고 10분 정도 두어 숨을 죽인다.
3 팬에 식용유를 두르고 감자를 넣어 빵 크기대로 모양을 잡은 뒤 중약불에서 노릇하게 천천히 굽는다.
4 분량의 재료를 섞어서 스프레드를 만든다.
5 달걀을 팬에 올려 달걀 프라이를 만든다.
6 빵에 스프레드를 듬뿍 바르고 양상추, 토마토, 감자 패티, 달걀프라이, 푸른 잎 채소를 순서대로 쌓은 뒤 먹기 좋은 크기로 자른다.

◆ 감자 패티는 속까지 익혀야 하며 너무 센 불에서 익히면 겉만 타므로 주의한다.
◆ 빵을 나무 꼬치로 고정시키면 보기 좋다.

양파잼 샌드위치

저렴하게 적양파를 한가득 구입했다. 평소 양파를 많이 먹는 편이지만 사오고 보니 너무 많다. 잔뜩 채 썰어 토마토소스를 만들고, 양파잼도 만들어야겠다. 카레도 만들어야지. 빨리 익도록 얇게 채 썬 양파를 볶다가 발사믹과 드라이 허브를 넣고 천천히 졸여내면 완성이다. 특별한 기술 없이 시간이 알아서 맛있게 만들어주는 양파잼이다. 양파잼은 파스타에 곁들여도 좋고, 스테이크와 함께 먹으면 정말 잘 어울린다. 빵 사이에 짭짤한 고다 치즈와 달콤하게 졸인 양파잼을 가득 넣고 천천히 앞뒤로 노릇하게 구우면 양파잼 사이로 치즈가 맛있게 녹아내린다. 별다른 소스가 없어도 한 입, 두 입 계속 맛보게 되는 샌드위치다.

재료
사워도우 빵 2장, 고다 치즈 1장, 올리브유 ½큰술, 양파잼 적당량, 푸른 잎 채소 약간

양파잼
양파 3개, 발사믹 비네거 5큰술(75ml), 설탕 4큰술, 드라이 타임 1½작은술, 소금 3꼬집, 올리브유 1½큰술, 후추 약간

양파잼 만드는 법

1 양파는 얇게 채 썬다.
2 팬에 올리브유와 양파를 넣고 부드러워질 때까지 중약불에서 15분 정도 천천히 볶는다.
3 충분히 익은 양파에 발사믹 비네거, 설탕, 타임, 소금, 후추를 넣고 약불에서 20~30분 정도 졸인다.
4 촉촉하게 수분이 줄어들고 윤기가 날 때까지 졸인다.

♦ 너무 뻑뻑하게 졸이기보다는 촉촉할 때 불을 끄는 것이 좋다.
♦ 양파잼은 스테이크에 곁들이면 맛있다.

만드는 법

1 빵에 양파잼을 듬뿍 올리고 고다 치즈와 푸른 잎 채소를 올린다.
2 팬에 올리브유를 살짝 두르고 1의 샌드위치를 올린 뒤 치즈가 녹도록 중약불에서 천천히 굽는다. 뚜껑이나 다른 팬으로 덮고 구우면 치즈가 더 잘 녹는다.

버섯구이 햄버거

가끔은 기꺼이 귀찮음을 즐긴다. 즐기기로 하면 마음가짐이 달라지니까. 모래바람이 부는 뜨거운 여름날에도 주전자에서 보리차가 펄펄 끓고 물기 하나 없도록 마감한 저녁의 주방은 남편의 출출하다는 말에 다시 도마 소리로 채워진다. 콩나물을 다듬고, 까놓은 마늘 대신 통마늘을 직접 깐다. 내가 할 수 있는 단정한 살림과 사랑의 방식. 햄버거를 좋아하는 남편이 패스트푸드를 줄였으면 하는 마음에 가끔 햄버거를 만든다. 패티를 만들고, 소스를 만들고. 가끔 귀찮을 때가 있지만 조금이라도 건강하게 먹었으면 하는 마음이 더 크다. 오늘은 고기 대신 쫄깃한 버섯으로 패티를 만들었다. 한데 뭉쳐지는 느낌을 내려고 빵가루와 치즈 가루를 넣고 구워냈다. 버섯이 익으면서 나오는 수분이 빵가루와 치즈 가루를 뭉쳐지게 한다. 뒤집으면 모양이 흐트러질 수도 있지만 잔뜩 쌓아 먹으면 되니 괜찮다. 대신 넓적한 주걱으로 살살 뒤집어준다. 최대한 모양을 잡아 공들여 구워낸 버섯을 넣고 푸짐한 햄버거를 만들었다. 요리가 완성 됐을 때의 뿌듯함도 좋지만, 내가 만든 음식을 맛있게 먹는 모습에 생각보다 큰 행복을 느낀다. 그래서 기꺼이 귀찮음을 즐겨본다.

재료
햄버거 빵 2개, 상추 2장, 적양파 1/6개, 올리브유 2큰술

버섯 패티
새송이버섯 1개, 만가닥버섯 100g, 다진 마늘 1작은술, 파르미지아노 레지아노 간 것 25g, 빵가루 3큰술, 올리브유 2큰술, 파슬리 가루 약간

소스
마요네즈 1큰술, 플레인 요거트 1큰술, 메이플 시럽 1작은술, 케첩 1작은술, 머스터드 1작은술, 파프리카 가루 ½작은술

만드는 법

1 새송이버섯은 포크로 찢고 만가닥버섯은 밑동을 자른다.
2 버섯 패티 재료를 한데 넣고 손으로 살짝 힘을 주면서 무친다는 느낌으로 섞는다.
3 팬에 올리브유를 두르고 2의 버섯 패티를 펼친 뒤 노릇노릇해질 때까지 중약불에서 천천히 굽는다. 넓은 주걱으로 최대한 모양 살리며 뒤집어서 굽는다.
4 분량의 재료를 골고루 섞어 소스를 만든다.
5 빵에 소스를 듬뿍 바르고 상추, 적양파, 버섯 패티를 듬뿍 올린다.

데일리 토마토 샐러드

탱글탱글한 푸른 잎 채소에 빨간 토마토는 내 샐러드 접시의 기본이다. 여기에 그날그날 추가하고 싶은 재료를 더한다. 삶은 달걀, 크루통, 구운 새우 등 다양하게 채워 넣으면 된다. 심플하지만 언제 먹어도 항상 맛있는 올리브유 드레싱도 휘리릭 뿌린다. 요리를 하면서 알게 되는 게 있다. 재료 본연의 맛을 살리는 게 중요하다는 것. 가장 기본적인 것이 가장 깊은 맛을 낸다. 그게 쉬운 일은 아니니 뭐든 조금 힘을 빼자. 먹는 건 매일 반복되는 삶의 일부분이라서 맛에 대한 생각도 기준도 점점 변하는 중이다. 그렇지만 변하지 않은 것이 하나 있다. 내 요리의 바탕은 나에 대한 애정과 우리에 대한 사랑으로 칠해져 있다는 것이다. 너무 잘하고 싶어 애쓰는 마음은 빼고, 애정을 더해 접시를 채우자.

재료

토마토 1개, 방울토마토 5개, 달걀 1개, 리코타 치즈 50g, 오렌지 ½개, 어린잎 채소(각종 채소) 80g, 루콜라 약간

소스

올리브유 2큰술, 화이트 발사믹 비네거 1큰술, 메이플 시럽 2작은술, 디종 머스터드 1작은술, 다진 마늘 ⅓작은술, 소금 2꼬집, 후추 약간

만드는 법

1 채소와 토마토, 오렌지를 먹기 좋은 크기로 자른다.

2 달걀을 삶는다.

3 분량의 재료를 골고루 섞어 소스를 만든다.

4 채소와 토마토, 오렌지, 달걀을 그릇에 담고 리코타 치즈를 군데군데 올린 뒤 소스를 뿌린다.

◆ 화이트 발사믹 비네거 대신 애플 비네거를 넣어도 좋다.

참깨 드레싱 두부 샐러드

어디든 소스를 듬뿍 올려 먹는 걸 좋아하지만 마요네즈를 넣은 드레싱은 많이 넣기가 조심스럽다. 맛있게 먹으면 그만이긴 하지만, 차곡차곡 적립된 옆구리살과 문득 궁금해진 건강의 안녕이 재료를 선택하는 데 영향을 끼친다. 마요네즈는 아주 조금만 넣고 요거트를 듬뿍 넣어 참깨 드레싱을 만들었다. 요거트에 간장과 참기름이라니, 이상한 조합 같지만 맛보면 고소하고 짭짤해서 참 맛있다. 곱게 채 썬 양배추에 가득 올려 먹어도, 토마토에 뿌려 먹어도 좋다. 두부를 스틱 모양으로 잘라 버섯과 함께 노릇하게 굽고 토마토를 곁들여 참깨 드레싱을 가득 뿌려 먹으니 진작에 요거트로 만들 걸 싶다. 자극적인 요리를 좋아했던 내가 어떻게 하면 좀 더 건강하게 먹을까를 고민한다. 건강하게 먹고, 건강하게 오늘을 보내는 것도 나를 사랑하는 방법 중 하나다.

재료

두부 ½모(150g), 만가닥버섯 50g, 토마토 1개, 식용유 1½큰술, 루콜라 약간

참깨 드레싱

요거트 3큰술, 깨 2큰술, 마요네즈 1큰술, 간장 1큰술, 식초 2작은술, 설탕 1작은술, 참기름 1작은술

만드는 법

1 두부는 스틱 모양으로 자르고 토마토는 슬라이스하고 만가닥버섯은 밑동을 자른다.
2 팬에 식용유를 두르고 두부와 버섯을 넣어 중불에서 노릇하게 굽는다.
3 참깨 드레싱 재료를 모두 넣고 믹서나 핸드블랜더로 간다.
4 토마토, 루콜라, 두부, 버섯을 순서대로 그릇에 담고 참깨 드레싱을 듬뿍 뿌린다.

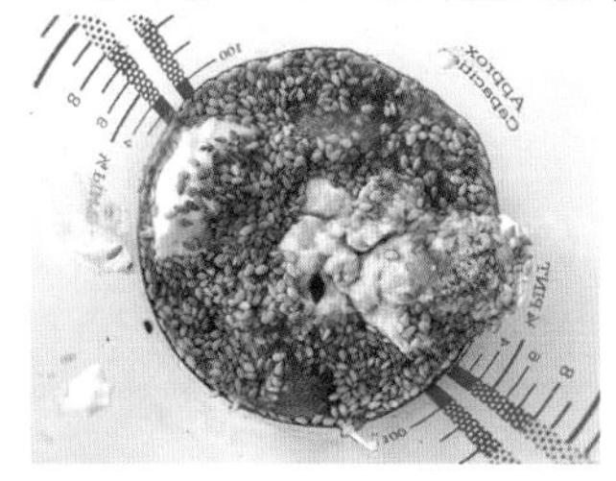

오이채 샐러드

푹푹 찌는 날씨가 한창인 요즘. 뜨거운 것보다 시원한 음식을 찾게 되고 가벼운 음식이 자꾸만 생각난다. 오이는 수분 함량은 높고 칼로리는 낮아서 더운 여름에는 꼭 사놓는 필수 재료다. 전날 과식으로 더부룩한 속을 상쾌하게 해줄 재료로 안성맞춤인 오이를 곱게 채 썰어 샐러드를 완성했다. 두부와 삶은 달걀을 곁들이면 든든함까지 채울 수 있다. 간장에 톡 쏘는 겨자와 고소한 땅콩버터까지 더해 입맛도는 깔끔한 샐러드다. 더워서 축 늘어지는 날에는 건강하게 먹는 끼니와 정돈된 살림에 더 집착하게 된다. 일상 속의 안정을 찾기 위해 애쓰며 나만의 방식대로 두바이의 무더운 여름을 보내고 있다.

재료

오이 ½개, 두부 ½모(150g), 달걀 1개, 방울토마토 2개, 식용유 1큰술

소스

다진 쪽파 3줄기, 간장 1큰술, 레몬즙 1작은술, 설탕 1작은술, 깨 1작은술, 식초 ½작은술, 땅콩버터 ½작은술, 겨자 ½작은술(취향껏 가감)

만드는 법

1 오이는 얇게 채 썰고 두부는 슬라이스하고 방울토마토는 반으로 자른다.
2 팬에 식용유를 두르고 두부를 넣어 노릇하게 굽는다.
3 달걀은 삶아서 슬라이스한다.
4 분량의 재료를 골고루 섞어 소스를 만든다.
5 그릇에 오이채를 깔고 두부와 달걀, 방울토마토를 올린 뒤 소스를 뿌린다.

감자구이와 요거트 드레싱

아침 일찍 일어나기 프로젝트를 시작한 지 몇 해가 되었다. 매번 일어날 때마다 많은 고민을 하지만 단번에 침대를 박차고 나와 정신을 깨우고 아침으로 뭘 먹을지 고민한다. 오늘은 감자다. 감자는 싹이 날까 걱정되어서 부지런히 먹는 재료다. 담백하게 먹어도 되지만, 요거트에 피시 소스를 넣어 시저 드레싱 느낌을 내보았다. 뭐든 해보는 게 중요하지. 소스는 대성공이다. 고소하고 짭짤하니 만들길 참 잘했다. 좀 더 짭짤한 맛을 원하면 피시 소스를 추가하면 된다. 요거트를 응용하는 일이 이제는 자연스러워졌다. 침대에서 겨우 일어나 소파로 몸을 옮겨 축 늘어진 오전을 보내면 하루가 짧다. 금방 지나간 하루가 아깝다는 생각이 들어 일어나는 시간을 조금 앞당기고 아침도 꼭 챙겨 먹는다. 겨우 한두 시간인데도 몸이 상쾌하다. 느긋하게 아침을 먹고도 한참 남은 오전 시간이 여유로워 마치 선물을 받은 기분이다. 일찍 일어나기는 앞으로도 계속될 예정!

재료
알감자 10개, 양파 ¼개, 토마토 1개, 로즈메리 1줄기(생략 가능 또는 드라이 로즈메리 1작은술), 파슬리 약간

밑간
다진 마늘 2작은술, 올리브유 2큰술, 소금 ¼작은술, 후추 약간

요거트 드레싱
요거트 100ml, 피시 소스(또는 액젓) 2작은술, 우스터 소스 1큰술, 다진 마늘 1작은술, 디종 머스터드 1작은술, 후추 약간

만드는 법

1 감자는 껍질째 깨끗이 씻고 반으로 자른 뒤 전자레인지나 찜기에 살짝 익힌다. 전자레인지에서는 4분 정도, 찜기에서는 10분 정도 익힌다.
2 양파와 토마토는 큼직하게 썰고 파슬리는 잘게 다진다.
3 감자, 양파, 토마토, 로즈메리에 밑간 재료를 넣고 잘 섞는다.
4 3을 예열한 오븐이나 에어프라이어에 넣고 180℃에서 15~20분 정도 굽는다.
5 분량의 재료를 골고루 섞어 요거트 드레싱을 만든다.
6 4를 그릇에 담고 파슬리와 요거트 드레싱을 뿌린다.

PART 5

스페셜 한입 요리

Happiness is Homemade

김밥

직장 생활을 할 때는 누구나 그렇지만 바쁜 날이 많았다. 김밥을 사서 출근하는 날이 잦았고, 은박지에 돌돌 말린 김밥을 오며 가며 한두 개씩 집어 먹으면서 일했다. 그렇게 욱여넣은 김밥 때문에 체하기도 해서 '이놈의 김밥, 그만 먹어야지' 했었는데 희한하게 김밥은 또 생각나는 음식이다. 김밥 전문점에서 파는 두툼한 돈가스가 들어간 김밥도, 엄마가 싸주는 집김밥도, 문득 먹고 싶을 때가 있다. 두바이에는 간편하게 사 먹을 수 있는 김밥집이 없어 어쩔 수 없이 직접 싸게 되었는데 점점 스킬이 늘어나 제법 그럴싸한 김밥을 만들게 되었다. 모든 일이 그렇듯 계속하다 보니 요령이 생긴다. 김밥은 손이 많이 가는 음식이라고 생각할 수도 있지만 반찬 몇 개에 국 하나 끓이는 것도 손이 많이 가는 건 마찬가지다. 뭐든 생각하기 나름이다. 넣는 재료에 따라 맛도, 모양도 달라지는 재밌는 김밥. 지금도 먹고 싶다!

김밥 만드는 팁

◇ 김의 거친 면을 위로 하고 밥을 올린다.

◇ 밥은 최대한 얇게 펴야 단면이 예쁘고 재료를 많이 넣어도 말기가 쉽다.

◇ 재료를 너무 많이 넣어 말기 힘들다면 김을 1~2cm만 남기고 밥을 최대한 넓게 편다. 그것도 모자라면 김 반 장을 밥풀로 연결해 붙인다.

◇ 김밥 1줄당 달걀 1개를 사용해야 푸짐해 보인다.

◇ 달걀은 얇게 지단해서 채 썰기, 달걀말이를 두툼하게 만들어 세로로 길게 자르기, 달걀 1개를 풀어 지단을 만들 듯 달걀물을 부어 둥글게 말기 등 마음대로 정한다.

◇ 김밥 속 재료는 생각보다 넉넉히 넣어야 푸짐하고 먹음직스럽다.

◇ 귀찮아도 밥에 밑간을 해야 맛있다. 참기름, 식초, 소금, 깨를 넣는다. 특히 도시락용 김밥이라면 식초를 넣는 것이 좋다. 금방 상하는 것을 방지하기 때문이다.

◇ 너무 차가운 밥은 접착력이 떨어지고, 너무 뜨거운 밥은 김이 쪼그라든다. 밥은 미리 밑간해서 한 김 식힌다.

◇ 김밥을 자를 때 칼날에 물을 살짝 묻히면 잘 잘라진다.

크래미 김밥

오랜만의 여행을 마치고 집으로 돌아왔다. 건강하게 직접 만드는 내 음식이 그립다. 외식을 좋아하는 남편도 속이 편안한 집밥이 먹고 싶다고 말하는 걸 보면 잘 길들여지고 있네 싶다. 먹는 것에 유난스러워졌나, 물음표를 던져보지만 그러면 좀 어떤가. 내가 먹고 우리가 먹을 음식인데 까다롭게 굴면 어때. 김치찌개 다음으로 먹고 싶었던 음식이 김밥이다. 냉장고를 열어보니 단무지도 없고, 당근도 없고 재료가 시원찮지만 크래미가 있다. 크래미와 오이로 간단하게 말아야지. 초밥을 시킬 때 나오는 롤 느낌이 나도록 말이다. 단출한 재료지만 고추냉이 푼 간장에 콕 찍어 먹으니 입맛이 돌아온다. 집밥, 비록 며칠이지만 그리웠어.

재료 (2줄 분량)
밥 300g, 김 2장, 크래미 6개, 오이 1개, 참기름 2작은술

크래미 양념
마요네즈 2큰술, 소금 2꼬집, 고추냉이 적당량, 후추 약간

달걀말이
달걀 2개, 식용유 ½큰술, 소금 약간
(달걀 1개당 소금 1/6작은술, 달걀 2개를 한번에 풀 경우 ⅓작은술을 넣는다)

밥 밑간
소금 ⅓작은술, 식초 1½작은술, 참기름 1큰술, 깨 적당량

간장 소스
간장 1큰술, 고추냉이 적당량

만드는 법

1 크래미는 잘게 찢고 오이는 채 썬다.
2 달걀은 소금으로 간하고 곱게 푼 뒤 식용유를 살짝 두른 팬에 부어 돌돌 말아서 익힌다. 달걀은 1개씩 각각 풀어 돌돌 만다.
3 크래미에 양념 재료를 넣어 잘 섞고 밥에도 밑간을 한다.
4 김을 깔고 밥을 얇게 편 뒤 속 재료를 넣고 끝과 끝이 만난다는 느낌으로 돌돌 만다.
5 김밥에 참기름을 바르고 먹기 좋은 크기로 썬 뒤 간장 소스를 잘 섞어서 곁들인다.

♦ 달걀을 하나씩 만들기 귀찮다면 달걀지단을 만들어도 좋고 달걀말이로 크게 만들어 잘라 써도 좋다.

표고버섯 땡초 김밥

엄마는 늘 밥 먹고 뒤돌아서면 또 밥 시간이라고 했는데 정말 그렇다. 뭐든 넣고 말면 되는 김밥은 일주일에 한 번은 꼭 만들어 먹는 메뉴다. 새로운 재료를 넣어도, 달걀에 단무지뿐이어도 김에 말면 무조건 맛있다. 오늘은 짭짤하게 밥에 양념을 해서 말자. 어묵을 잘게 다져 넣을까 하다가 표고버섯으로 감칠맛을 대신했다. 표고버섯과 고추를 가득 썰어서 볶고, 단무지도 다져 넣고, 밥에 간을 하면 짭짤하고 매콤하니 그 자리에서서 대충 밥만 뭉쳐 먹어도 맛있다. 사실 간을 본다며 몇 개 뭉쳐서 먹기도 했다. 김밥은 푸짐하고 가지런한 단면을 보는 즐거움도 있으니까, 채소와 두툼한 달걀말이를 함께 넣는다. 감칠맛이 넘쳐서 혼자 두세 줄은 거뜬히 먹을 수 있다. 동그랗게 잘 말린 김밥 단면을 흐뭇하게 한참이나 들여다보고 입에 쏙 넣는다.

재료(2줄 분량)

밥 300g, 김 2장, 상추 4장, 깻잎 4장, 단무지 2줄, 참기름 1.5큰술

표고버섯 땡초 볶음 양념

표고버섯 4개, 당근 1개(작은 것), 청양고추 3개, 다진 마늘 1작은술, 식용유 1큰술, 간장 3큰술, 설탕 1큰술, 후추 약간

달걀말이

달걀 2개, 소금 ¼작은술, 식용유 ½큰술

소스

마요네즈 : 플레인 요거트 = 2:1, 고추냉이 취향껏

만드는 법

1 표고버섯과 당근, 고추, 단무지는 잘게 다진다.
2 달걀에 소금을 섞어 풀어 식용유를 두른 팬에 넣고 달걀말이를 만든 뒤 반으로 자른다.
3 팬에 식용유를 두르고 표고버섯, 당근, 마늘을 넣어 2~3분 정도 중불에서 볶는다.
4 어느 정도 익으면 청양고추와 간장, 설탕, 후추를 넣고 한 번 더 볶는다.
5 밥에 4의 재료와 단무지, 참기름 1큰술을 넣은 뒤 골고루 섞는다.
6 김에 밥을 골고루 펴고 달걀과 채소를 넣은 뒤 만다.
7 김밥에 참기름 1/2큰술을 바르고 먹기 좋은 크기로 자른 뒤 소스를 곁들인다.

◆ 채소는 손으로 오므리면서 말아준다.

샐러드 김밥

나만 그런지 몰라도 식사 준비를 위해 재료를 씻고 다듬다 보면 요리를 시작하기도 전에 싱크대가 지저분해진다. 그래서 다음 날 준비할 재료가 많다 싶으면 전날 밤 미리 채소를 씻고 착착 썰기만 하면 되도록 준비해 둔다. 든든하게 먹은 저녁으로 불룩해진 배도 소화시킬 겸 말이다. 샐러드 김밥을 만들기 위해 전날부터 준비를 한다. 색색깔의 채소를 가지런히 썰고, 최대한 얇게 편 밥에 채 썬 채소를 가득 올려 돌돌 만다. 고추냉이를 넣은 크리미한 소스와 매운 고추를 곁들이면 가득 든 채소와 함께 상큼한 김밥을 맛볼 수 있다. 약간의 부지런함으로 다음 날의 요리가 훨씬 편해졌다. 과정이 하나 줄었을 뿐인데, 싱크대도 깔끔하고 요리가 더 즐겁다. 손이 차츰 빨라져서 주방에 있는 시간이 줄었지만, 아직 갈 길이 멀다. 느리지만 내 방식대로 하다 보면 언젠가는 잔뼈 굵은 베테랑 주부가 되겠지. 그런 날이 오기를 기다리며 오늘도 주방에서 단련 중이다.

재료 (2줄 분량)

밥 300g, 김 2장, 깻잎 4장, 로메인 4장, 당근 ⅓개, 적양배추 1장, 빨간 파프리카 ½개, 청양고추 2개, 단무지 2줄, 참기름 2작은술

달걀말이

달걀 2개, 소금 ¼작은술, 식용유 ½큰술

밥 밑간

참기름 1큰술, 식초 1½작은술, 소금 ⅓작은술, 깨 약간

소스

요거트 2큰술, 메이플 시럽 1½작은술, 마요네즈 1작은술, 식초 1작은술, 홀그레인 머스터드 1작은술, 소금 1꼬집, 다진 마늘 ¼작은술, 고추냉이 적당량, 후추 약간

만드는 법

1 양배추와 파프리카, 당근은 얇게 채 썰고 청양고추는 얇게 슬라이스한다.
2 밥에 밑간 재료를 넣고 잘 섞는다.
3 달걀을 풀고 식용유를 두른 팬에 넣어 달걀말이를 만든 뒤 반으로 자른다.
4 김을 깔고 밥을 얇게 편 뒤 준비한 채소와 달걀말이, 단무지를 넣고 돌돌 만다.
5 분량의 재료를 골고루 섞어 소스를 만든다.
6 김밥에 참기름을 바르고 먹기 좋은 크기로 자른 뒤 소스와 청양고추를 올린다.

오픈 김밥

촉촉하거나 양념이 있는 속 재료는 김밥을 쌀 때 튀어나오고, 자를 때 지저분하기 싫다. 그럴 때는 편하게 김밥 위에 가득 올려 먹는다. 김밥 위에 참치를 푸짐하게 올릴 거라 김밥 속은 간단하게 준비했다. 달걀은 꼭 넣어 먹는 편이어서 달걀말이와 쌈채소 두 가지로 김밥을 만다. 원래는 양념한 참치를 깻잎으로 조심스레 감쌌을 테고, 넣다 보면 식탐이 발동해 참치를 가득 넣고, 그럼 단단하게 말다가 참치가 양옆으로 새어 나왔을 것이다. 오픈 김밥은 재료가 단출하니 김밥을 말기도 쉽다. 마요네즈 대신 요거트를 넣고 스리라차 소스로 매콤함을 더해 참치 양념을 하고, 단무지도 다져 넣는다. 김밥을 하나씩 눕혀 참치를 원하는 만큼 올리면, 터지지 않을까 조심하지 않아도 되는 김밥이 완성된다. 참치뿐 아니라 남아 있는 밑반찬을 올려 먹어도 된다. 원하는 토핑을 올려 먹는 간편한 오픈 김밥은 애쓰지 않아도 되는 친절한 김밥이다.

재료 (2줄 분량)

밥 300g, 참치 85g(작은 캔), 로메인 4장, 깻잎 4장, 참기름 2작은술, 고명(고추, 깨 약간씩)

참치 양념

다진 단무지 2줄, 그릭 요거트 2큰술, 스리라차 소스 2작은술, 소금 1꼬집, 후추 약간

달걀말이

달걀 2개, 소금 ¼작은술, 식용유 ½큰술

밥 밑간

참기름 1큰술, 식초 1½작은술, 소금 ⅓작은술, 깨 약간

만드는 법

1 밥에 밑간 재료를 넣고 잘 섞는다.

2 달걀에 소금을 섞어 풀고 식용유를 두른 팬에 넣어 달걀말이를 만든 뒤 반으로 자른다.

3 참치는 기름을 빼고 참치 양념을 넣고 잘 섞는다.

4 김을 깔고 밥을 골고루 편 뒤 달걀말이와 채소를 넣고 돌돌 만다.

5 김밥에 참기름을 바르고 먹기 좋게 자른 뒤 참치와 고명을 올린다.

Happiness is Homemade

나를 위한 스페셜 요리

보통 밥이나 면으로 식사를 하는 편이지만 간식 느낌이 나는 특별한 한 끼를 만들고 싶을 때가 종종 있다. 너무 복잡하거나 재료가 많이 들어가는 요리는 2인 가족에게는 사 먹는 게 낫다는 생각이 들고, 집에서도 쉽게 할 수 있겠다 싶은 요리를 만들어보곤 한다. 같은 조리법이라도 손으로 집어 먹을 수 있도록 한입 크기로 만들어 담아본다거나, 반찬을 약간 변형해 한 끼 식사로 만들기도 한다. 담음새와 주재료의 변경만으로도 특별한 한 끼를 즐길 수가 있다.

한입 요리에도 두부를 적극적으로 활용하는데 두부로 만드는 삼총사 두부 유린기, 두부 강정, 두부 탕수는 반찬으로 곁들여도 좋고 식사로도 좋아서 여러 가지 채소를 활용해 자주 만든다.

토마토소스도 자주 만드는 재료라 어떤 걸 사용하면 잘 어울릴까 떠올려본다. 양식에 주로 쓰는 재료는 뭐가 있는지 곰곰이 떠올려보고 머릿속으로 조합도 해본다. 사이드 메뉴로 나오는 감자를 떠올리며 이것저것 만들어보니 묵직한 토마토소스와 잘 어울린다. 약간의 정성을 더하면 혼자 먹기에 아까운 꽤 근사한 한 그릇이 완성된다. 어딘가 친숙하지만 늘 먹는 밥 말고 기분을 전환시키는 한 끼로 식사의 즐거움을 더해 본다.

SABRE

두부 쌈장과 양배추롤

건강을 위해 양배추쌈을 먹다 보면 장을 가득 올려 짜게 먹게 된다. 소스류는 듬뿍 찍어 먹어야 제맛이랄까. 이런 식습관을 너무도 잘 알아서 건강한 쌈장을 만들었다. 두부를 으깨어 넣어서 염도를 낮추고, 땅콩버터와 들깻가루를 넣어 더 고소하다. 찐 양배추에 밥만 넣고 말아도 좋지만, 로메인과 매콤한 고추도 함께 넣고 돌돌 만다. 채소를 별로 좋아하지 않았는데, 지금은 조금이라도 더 먹으려고 애를 쓴다. 보기 좋게 만 양배추쌈에 두부 쌈장을 듬뿍 올려 집어 먹다 보면 양배추가 주는 포만감에 배부름이 몰려온다. 밤에 배가 고플 때는 부담 없는 양배추쌈을 추천한다.

재료

밥 150g. 양배추 6장, 상추 6장, 고추 적당량, 고명(다진 쪽파, 래디시, 깨 약간씩)

쌈장

두부 ½모(150g), 된장 1½큰술, 고춧가루 1작은술, 땅콩버터 2작은술, 들깻가루 1작은술, 참기름 1작은술, 올리고당 1작은술, 깨 약간

만드는 법

1 양배추는 찜기에서 5분 정도 찌거나 끓는 물에 넣어 2분 정도 데친다.
2 두부는 칼로 으깨고 마른 팬에 넣어 수분이 날아가도록 중강불에서 고슬고슬하게 볶는다.
3 두부를 한 김 식히고 쌈장 재료를 넣어 골고루 섞는다.
4 양배추를 넓게 펴고 상추, 밥, 고추를 넣어 돌돌 만다.
5 쌈장을 가득 올리고 고명을 곁들인다.

♦ 조금 더 짭조름한 쌈장을 원한다면 된장 양을 늘리거나 고추장을 추가한다.

가지말이 주먹밥

자주 먹던 재료도 다양하게 조합하고 모양을 내면 또 다른 요리가 된다. 유부를 넣고 만드는 볶음밥을 주먹밥처럼 뭉치고 얇게 썰어 구운 가지에 돌돌 말았다. 가지를 그릴 팬에 구웠더니 더 먹음직스럽다. 평범한 주먹밥이 가지 옷을 입었다. 가지를 좋아하지 않는 남편도 가지말이 주먹밥은 좋아한다. 젓가락을 두고 손으로 집어 먹는 즐거움으로 하나씩 쏙쏙 먹으니 100개는 먹을 수 있겠다 싶다.

재료

밥 150g, 가지 2개, 유부 3장, 애호박 ½개, 다진 마늘 1작은술, 간장 1큰술, 참기름 2작은술, 식용유 2큰술, 스리라차 소스 적당량, 고명(고추, 깨 약간씩)

만드는 법

1 가지는 얇게 슬라이스하고 유부와 애호박은 작게 다진다.
2 팬에 식용유 1/2큰술을 두르고 가지를 넣어 굽는다.
3 다른 팬에 식용유 1 1/2큰술을 두르고 마늘, 유부, 애호박을 넣어 볶다가 간장을 넣는다.
4 밥에 3의 유부, 애호박을 넣고 참기름, 깨를 넣어 섞은 뒤 둥글게 뭉친다.
5 뭉친 밥을 가지로 돌돌 말고 고명을 올린 뒤 스리라차 소스를 곁들인다.

♦ 가지는 필러로 얇게 슬라이스한다. 빵칼로 자르면 얇게 슬라이스하기 편하다.

클린 배추롤

그러니까 야식을 먹지 말걸. 밤만 되면 왜 그렇게 입이 심심한지 모르겠다. 깜깜한 밤에 배가 터지도록 먹고 나면 또 다른 헛헛함이 밀려온다. 다음 날 퉁퉁 부은 얼굴과 무거운 몸으로 오전을 허비했는데, 이 상태는 숙취와도 비슷한 것 같다. 점심은 깔끔하게 만든 배추롤이다. 데친 배추 위에 각종 채소를 올려 돌돌 말아 찜기에서 한번 찌고 요거트와 땅콩버터로 소스를 만들었다. 유부가 한 장 다 들어가니 채소는 생각보다 조금씩 넣어야 말기도 쉽고, 한입에 먹기도 쉽다. 다시는 부담스러운 야식을 먹지 말자는 다짐과 함께 단정히 말아낸 배추롤은 아삭하고 깔끔한 맛에 밤새 쌓인 독소가 씻겨 내려가는 기분이다. 꾸준하고 성실하게 내 몸을 위해야 하는데 참 쉽지가 않다.

재료

배추 6장, 깻잎 6장, 유부 6장, 당근 ⅓개, 숙주 1줌, 버섯 30g

땅콩 소스

땅콩버터 1½큰술, 요거트 1큰술, 스리라차 소스 2작은술, 간장 2작은술, 물 2큰술, 쪽파 2줄기, 고추 1개, 깨 약간

만드는 법

1 버섯, 유부, 숙주를 다듬고 당근은 채 썬다.
2 배추를 끓는 물에 넣어 1분 내로 데친다.
3 배추에 깻잎을 깔고 유부, 버섯, 당근, 숙주를 조금씩 올린 뒤 돌돌 만다.
4 3을 찜기에 넣고 10분 정도 찐다.
5 분량의 재료를 골고루 섞어 땅콩 소스를 만든다.
6 배추롤을 먹기 좋은 크기로 자르고 소스를 곁들인다.

♦ 욕심 내서 속 재료를 너무 많이 넣으면 말 때 힘드니 조금씩 넣는다.

클린 배추 전골

같은 재료로 국물 요리를 만들기도 한다.

재료

배추 4장, 깻잎 8장, 유부 12장, 만가닥버섯 70g, 표고버섯 3개, 숙주 100g, 채수 600ml(만드는 법 155p 참고), 국간장 2½큰술, 피시 소스 1½큰술

만드는 법

1. 배추, 깻잎, 유부를 순서대로 4번 정도 쌓고 먹기 좋은 크기로 3~4등분한다.
2. 냄비에 숙주를 약간 깔고 배추, 깻잎, 유부를 차곡차곡 담은 뒤 나머지 공간에 버섯과 숙주를 넣는다.
3. 채수를 넣고 강불에서 끓이다가 한소끔 끓으면 국간장과 피시 소스를 넣고 중강불로 낮춘 뒤 5분 정도 더 끓인다.
4. 땅콩 소스를 곁들인다.

두부 유린기

장을 가득 보고 넘쳐나는 재료를 처치하는 데 집중하다 보면 즐겁게 요리하는 마음은 온데간데없고 얼른 먹어 치워야지 하는 마음이 커진다. 정갈하고 야무지게 주방을 꾸려나가고 싶은데 마트에 가면 그 마음이 쉽게 무너진다. 한인마트에서 잔뜩 산 두부의 유통기한이 얼마 남지 않았다. 두부만큼 잘 상하는 재료가 없는데 말이다. 냉동실에 얼려둔 연근을 꺼내 채식 유린기를 만들었다. 전분가루를 묻혀서 구운 두부는 겉은 바삭하고 속은 부들부들하니 새콤한 소스와 잘 어우러진다. 왜 예전에는 고기만 고집했을까 싶다. 입맛이 많이 변했고, 먹거리를 비롯해 가치관도 함께 변했다. 요리가 대단한 일은 아니지만, 요리를 하고 먹으면서 내 시간을 갖게 되었고 나를 찾게 되었다. 흔한 일이 나에게는 전부가 되어버렸다.

재료

두부 ½모(150g), 연근 100g, 전분가루 5큰술, 식용유 2큰술, 양상추 80g

소스

간장 2큰술, 식초 1큰술, 레몬즙 1큰술, 올리고당 1큰술, 설탕 1작은술, 다진 마늘 ½작은술, 다진 고추 약간, 후추 약간

만드는 법

1 두부와 양상추는 먹기 좋은 크기로 자르고 연근은 슬라이스한다.

2 두부와 연근에 전분가루를 묻히고 식용유를 두른 팬에 넣어 노릇하게 굽는다.

3 분량의 재료를 골고루 섞어 소스를 만든다.

4 두부와 연근에 양상추를 곁들이고 소스를 붓는다.

감자 크로켓

카레를 만들 땐 먹을 만큼만 만드는 게 좀처럼 어렵다. 많이 만들어 몇 끼를 먹고도 남으면 다양하게 먹으려고 하는데, 크로켓을 자주 만든다. 포슬포슬하게 삶은 감자를 으깨서 볶은 채소와 섞고 먹기 좋은 크기로 반죽한 뒤 빵가루까지 묻혀 바삭하게 튀기면 그 자리에 서서 호호 불어 하나를 먹게 된다. 카레를 소스처럼 크로켓에 듬뿍 묻혀 먹으면 카레를 많이 만들길 잘했다 싶다. 또 감자크로켓이 남아 냉동실에 보관해 둘 때도 있다. 냉동한 크로켓은 데워서 빵 사이에 넣어 먹으면 간단하게 샌드위치 하나가 완성된다. 새로운 요리를 만들고 맛보는 즐거움도 크지만, 남은 재료나 요리를 알뜰하고 다양하게 활용하는 데 오는 뿌듯함도 참 크다. 요리하는 즐거움을 자꾸만 발견하게 된다.

재료

토마토 카레 ⅔컵(취향껏 가감, 109p 참고), 밀가루 ⅓컵, 달걀물 1개 분량, 빵가루 1½컵, 식용유 적당량(재료가 잠길 만큼), 고명(루콜라, 치즈 가루 약간씩)

감자 크로켓 반죽

감자 2개(중간 크기), 당근 ½개, 양파 ⅓개, 쪽파 2줄, 마요네즈 2큰술, 소금 ¼작은술, 후추 약간

만드는 법

1 감자를 잘라 전자레인지에 넣고 10분 정도 익힌 뒤 으깬다.
2 당근과 양파, 쪽파는 잘게 다지고 식용유를 살짝 두른 팬에 넣어 수분을 날리듯 볶는다.
3 으깬 감자에 2의 채소, 소금, 후추, 마요네즈를 넣고 골고루 섞어 원하는 모양을 만든다.
4 3의 반죽에 밀가루, 달걀물, 빵가루 순서대로 옷을 입히고 180°C로 끓인 식용유에 넣어 튀김옷이 갈색빛이 될 때까지 중강불을 유지하며 튀긴 뒤 얼른 건진다.
5 토마토 카레를 그릇에 담고 감자 크로켓과 고명을 올린다.

♦ 속재료는 모두 익었으니 빵가루가 노릇해지면 얼른 꺼낸다.
♦ 낮은 온도에서 오래 튀기면 튀김이 터질 수 있다.

크로켓 샌드위치

재료
모닝빵 2개, 감자 크로켓 2개, 루콜라 약간

소스
마요네즈 1큰술, 케첩 1작은술, 스리라차 소스 1작은술

만드는 법

1 모닝빵은 반으로 가르고 감자 크로켓과 루콜라를 준비한다.
2 분량의 재료를 골고루 섞어 소스를 만든다.
3 빵의 한쪽 면에 소스를 가득 바르고 크로켓과 루콜라, 나머지 빵을 올린다.

두부 탕수

건강이 신경 쓰이기 시작했다. 올해는 더 건강하게 먹어야겠다고 다짐 또 다짐한다. 나이를 한 살씩 먹으면서 소화력도 예전 같지 않아 고기보다 식물성 재료가 잘 맞다고 느끼고 있다. 비건을 지향하지만 단호하게 선언하고 실천하기는 아직 쉽지 않다. 그렇지만 식물성 재료를 먼저 찾고, 고기를 먹을 땐 고기보다 채소를 더 많이 먹는다. 결국 이것저것 많이 먹는다는 소리 같기도 하지만. 맛있게 먹기와 건강하게 먹기 사이에서 늘 갈등한다. 두부는 응용하기가 쉬워서 단백질 보충을 위해 자주 식탁에 오르는 재료다. 탕수육을 만들 때 처음에는 돼지고기로 만들었는데, 다음에는 닭가슴살, 다음에는 두부로 재료가 점점 변해갔다. 당연히 고기를 튀겨 먹는 게 훨씬 맛있겠지만 두부의 깔끔함과 고소함을 알아버렸다. 두부를 바삭하게 굽고 새콤달콤한 소스를 부어서 촉촉하게 먹으면 참 맛있다. 고기 대신 뭘 넣어볼까? 천천히 채식과 친해지는 중이다.

재료
두부 300g, 표고버섯 5개, 식용유 3큰술, 고명(다진 쪽파, 깨 약간씩)

탕수 소스
당근 ⅓개, 적양배추 1장, 파 1줄기, 생강 ½톨, 식용유 ½큰술

탕수 소스 베이스
설탕 4큰술, 식초 3큰술, 간장 1½큰술, 물 100ml

전분물
전분 1큰술, 물 1큰술

만드는 법

1 당근과 적양배추는 채 썰고 파는 쫑쫑 썰고 생강은 잘게 다진다.
2 두부와 표고버섯은 먹기 좋은 크기로 자르고 전분가루를 묻힌 뒤 식용유를 두른 팬에 넣어 노릇하게 굽는다.
3 팬에 식용유를 두르고 파와 생강을 넣어 향이 나도록 볶는다.
4 3에 탕수 소스 베이스를 모두 붓고 한소끔 끓인다.
5 당근과 적양배추를 넣고 잠시 끓인다.
6 전분물을 넣고 재빨리 섞는다.
7 두부에 6의 탕수 소스를 붓고 고명을 올린다.

◆ 생강 향이 싫다면 생략해도 된다.

두부 강정

'양념 반, 후라이드 반.' 가끔 한국 치킨의 이 공식이 너무나 그립다. 집에서 치킨을 튀기면 뒤처리가 귀찮아서, 간단하고 건강하게 치킨의 맛을 느끼고 싶을 때 아쉬운 대로 두부 강정을 해 먹곤 한다. 전분을 묻힌 두부를 아주 바싹 굽고, 달콤하고 매콤하게 소스를 만들어 빨갛게 버무려서 땅콩가루를 뿌려 먹으면 한동안 치킨은 생각나지 않는다. 비법까지는 아니지만, 머스터드를 살짝 넣으면 더 맛있다. 치킨과 밥을 좋아하는 남편은 두부 강정을 할 때마다 평소보다 밥을 더 먹는다. 자잘한 걱정은 늘 안고 있지만 맛있게 만든 따뜻한 요리가 있고 요리를 만드는 기쁨을 알게 해준 남편이 함께여서 오늘 하루도 별일 없이 안녕하다. "잘 먹을게. 너무 맛있다. 한 공기 더 먹을래." 식탁에서 하루의 고단함이 씻겨 내려간다.

재료

두부 300g, 푸른 잎 채소 80g, 식용유 3큰술, 땅콩가루 약간

강정 양념

올리고당 4큰술, 케첩 2큰술, 고추장 1큰술, 고운 고춧가루 1작은술, 머스터드 2작은술, 다진 마늘 ½작은술, 물 5큰술

만드는 법

1 두부는 먹기 좋은 크기로 자르고 전분가루를 묻힌다.
2 팬에 식용유를 두르고 두부를 넣어 노릇하게 굽는다.
3 다른 팬에 강정 양념을 모두 넣고 살짝 점성이 생길 때까지 3~5분 정도 중불에서 끓인다.
4 땅콩가루를 넣고 두부와 양념을 골고루 섞는다.
5 두부 강정을 그릇에 담고 푸른 잎 채소를 곁들인다.

채소 라자냐

가지는 냉장고에 들어가면 맛이 떨어지기 때문에 얼른 먹어야 하는 재료 중 하나다. 토마토소스도 잔뜩 만들었겠다 채소를 층층이 쌓아 라자냐를 만든다. 두부와 애호박, 가지를 노릇하게 굽고 토마토소스와 함께 켜켜이 쌓은 뒤 치즈로 이불을 덮어 노릇하게 굽는다. 대충 쌓고 만들었는데도 재료가 한데 모여 단면이 꽤 먹음직스럽다. 채소와 소스를 입안 가득 넣고 뜨겁게 먹는 즐거움이란! 가사노동도 가치가 있다고는 하지만 어떤 목표를 향한 성취가 아니라 그저 매일 반복되는 일일 뿐이라고 생각했다. 이틀 전 닦은 가스레인지가 또 얼룩져, 라자냐를 굽는 동안 닦으면서 말이다. 집안일은 해도 표가 나지 않고, 안 하면 바로 티가 나서 가끔 맥이 빠질 때도 있지만, 또 이만큼 정직한 일이 어디 있을까 싶다. 왔다 갔다 행주질을 하며 생각도 왔다 갔다, 라자냐를 먹으면서도 계속 이어진다. 조용히 요리하면서 이런저런 생각을 하기 좋은 주방에서, 오늘도 혼자 수련 중이다.

재료

두부 150g, 애호박 1개, 가지 2개, 토마토소스 200ml(133p 참고), 모차렐라 100g, 파르미지아노 레지아노 간 것 50g, 올리브유 3큰술, 방울토마토 약간, 마늘 빵가루 약간 (149p 참고), 파슬리 약간

만드는 법

1 두부, 애호박, 가지는 얇게 슬라이스하고 올리브유를 두른 팬에서 굽는다.
2 오븐용 그릇에 두부-토마토소스-파르미지아노 레지아노-애호박-토마토소스-파르미지아노 레지아노-가지를 순서대로 차곡차곡 쌓는다.
3 맨 위에 방울토마토와 모차렐라를 가득 올리고 마늘 빵가루를 뿌린다.
4 180℃로 예열한 오븐이나 에어프라이어에서 10~15분 정도 굽는다.
5 파슬리를 뿌린다.

◆ 토마토소스는 얇게 펴서 바른다.

포테이토 콘킬리오니

이탈리아 식재료 마트에 가면 신기한 게 많아서 홀린 듯 뭐라도 사게 된다. 그래서 우리 집 찬장에는 다양한 파스타가 가득하다. 소라 모양의 콘킬리오니가 줄어들지 않아, 어떻게 해 먹지 하다가 귀여운 아이디어가 떠올랐다. 뭐든 꾹꾹 채워 넣고 싶은 콘킬리오니 안에 바질 잎을 한 장 깔고, 삶은 감자를 으깨어 넣었다. 이렇게만 먹으면 심심하니 토마토소스도 깔고, 치즈도 살포시 올린다. 콘킬리오니에 바질 잎이 자로 잰듯 딱 맞아서 괜히 짜릿하다. 방울토마토를 군데군데 놓고, 다진 파슬리도 뿌리니 내 눈에는 충분히 미학적이다. 사진을 찍고, 또 찍고. 어떻게 하면 보기 좋게 담아낼지 고민하며 사소한 시도가 모여 요리는 더 깊어진다. 귀여운 요리를 만들고 온종일 콧노래 흥얼거린다.

재료

콘킬리오니 10개, 바질 잎 10장, 토마토소스 150ml(토마토소스 133p 참고), 방울토마토 약간, 파슬리 약간

감자 양념

감자 200g, 모차렐라 50g, 버터 10g, 우유 1½큰술, 마늘 가루 1작은술(또는 다진 마늘 ½작은술), 소금 ¼작은술, 후추 약간

만드는 법

1 감자를 자르고 전자레인지에서 8~10분 정도 익힌다.
2 감자를 으깨어 한 김 식히고 양념 재료를 넣어 골고루 섞는다.
3 포장지의 설명서대로 콘킬리오니를 삶는다.
4 콘킬리오니 안에 바질 잎을 깐다.
5 2의 감자를 적당히 채워 넣는다.
6 오븐 그릇에 토마토소스를 가득 깔고 속을 채운 콘킬리오니와 모차렐라, 방울토마토를 올린다.
7 180℃로 예열한 오븐이나 에어프라이어에서 10분 정도 굽고 파슬리를 뿌린다.

◆ 전자레인지의 사양이 다르기 때문에 중간에 젓가락으로 감자를 찔러보고 잘 익었는지 확인한다.

감자 뇨키

감자에 싹이 나기 직전이다. 느슨해진 주방 살림을 자책하며 색다르게 뇨키를 만들기로 했다. 내 식대로 만들려고 포실하게 익은 감자를 으깨고 치즈 가루를 넣어 고소하게 반죽하고 동그랗게 뭉쳐 겉이 바삭해지도록 바로 굽는다. 뇨키에 곁들일 토마토소스는 버섯을 썰어 넣고 스리라차 소스로 매콤함을 더한다. 감자를 살려야 한다는 의지가 듬뿍 들어가 멋진 요리가 완성됐다. 식당에서 파는 뇨키와는 다른, 투박한 뇨키지만 꽤 근사하다. 공들여 만든 요리가 멋지게 완성돼 성취감도 배가된 기분이다. 저녁에는 남은 감자로 짭짤하게 감자구이를 만들고 시원한 맥주를 곁들여 하루를 정리해야지. 나에게 부엌은 가장 중요한 공간이다. 뭉근하게 조린 달콤한 사과잼으로 어떤 날의 나를 달래고, 오븐 앞에 쪼그리고 앉아 초조하게 기다리다 운 좋게 성공한 머핀 덕분에 세상이 무지개 빛이다. 엄마의 반찬을 흉내 내고, 내가 좋아하는 것만큼 남편이 좋아하는 요리도 함께 떠올린다. 부엌에서 맛있는 추억이 쌓이고 사랑을 발견한다.

재료

토마토소스 200ml(만드는 법 133p 참고), 스리라차 소스 2작은술, 다진 마늘 1작은술, 표고버섯 2개, 올리브유 3큰술, 방울토마토 약간, 파슬리 약간

감자 양념

감자 200g, 그라나 파다노 간 것 15g, 우유 2큰술, 전분가루 2작은술, 소금 ¼작은술, 후추 약간

만드는 법

1 표고버섯은 작은 큐브 모양으로 자르고 방울토마토는 반으로 자른다.
2 감자를 자르고 전자레인지에서 8~10분 정도 익힌다.
3 감자를 살짝 뜨거운 상태에서 으깨고 양념 재료를 모두 넣어 골고루 섞은 뒤 동그랗게 한입 크기로 만든다.
4 올리브유 2큰술을 두른 팬에 감자 반죽을 넣고 중불에서 앞뒤로 노릇하게 굽는다.
5 다른 팬에 올리브유 1큰술을 넣고 마늘과 표고버섯을 넣어 볶는다.
6 토마토소스를 넣고 스리라차 소스를 넣어 5분 정도 중불에서 살짝 되직하게 끓인다.
7 그릇에 6의 토마토소스 깔고 감자 뇨키와 방울토마토를 올린 뒤 파슬리를 뿌린다.

◆ 감자마다 수분 함량이 다르니 반죽할 때 우유를 넣으며 농도를 맞춘다. 반죽이 너무 묽으면 모양을 잡기가 어려우니 우유를 조금씩 넣어가며 반죽 상태를 확인한다.
◆ 토마토소스의 농도는 원하는 취향으로 끓이면 된다.

Epilogue

무엇을 원하는지도 모르는 채로 하루하루 20대를 살아냈어요.
그래서 마음의 병이 생겼죠. 그때는 그냥 막연히 하고 싶은 게 너무 많았는데,
지금 생각해 보면 뭘 하고 싶은지 몰라 갈팡질팡했던 거였어요.
나 자신을 너무 몰랐던 거죠.
예쁜 것에 관심이 많았지만 정작 나 자신에게는 관심이 없었어요.
지금 생각해 보면 그때의 나에게 미안해요.
감사하게도 인생에서 가장 큰 행사인 결혼과 함께 생활도 가치관도 바뀌기 시작했어요.
그리고 드디어 찾았어요. 어떤 일에 가슴 설레는지.
아침잠 많은 내가 새벽에 무엇 때문에 눈을 번쩍 뜨는지.
주방에서 나를 찾았고, 식탁에서 행복을 찾았어요.
그렇게 불현듯 찾게 되나 봐요.
여전히 내 안에 멜랑콜리는 존재하지만 요리를 하고 일기를 쓰면서
나를 돌볼 줄 알게 되었어요.

이 책을 보는 분들도 마음이 충만해지는 일을 찾기 위해 자신을 먼저 들여다보기를,
바쁜 일상이지만 일주일에 한 번이라도 직접 지은 따뜻한 밥을 먹길 바라요.
나를 위해야 뭐든 할 수 있다고, 다정하게 말을 건네봅니다.

식사는 하셨나요?
건강하고 맛있게 챙겨 먹어요, 우리!

채소 식탁

1판 1쇄 발행 2023년 7월 19일
1판 7쇄 발행 2024년 9월 30일

지은이. 김경민
펴낸이. 이새봄
펴낸곳. 래디시

교정 교열. 김민영
디자인. STUDIO BEAR

출판등록. 제2022-000313호
주소. 서울시 마포구 월드컵북로 400, 5층 21호
연락처. 010-5359-7929
이메일. radish@radishbooks.co.kr
인스타그램. instagram.com/radish_books

ISBN 979-11-981291-6-1 13590

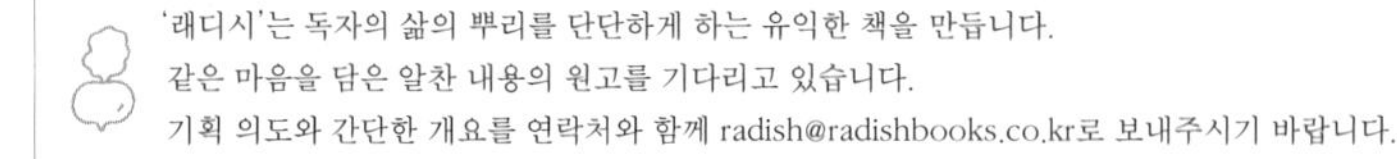